江西理工大学清江学术文库出版基金资助

泡沫钛的结构设计

Structural Design of Titanium Foam

肖 健　刘锦平　王智祥　邱贵宝　著

北 京
冶 金 工 业 出 版 社
2018

内 容 简 介

本书汇集了国内外泡沫钛领域的最新研究进展，并以专业的角度和通俗易懂的语言，全面系统地归纳和总结了作者多年来在泡沫钛结构设计方面取得的重要成果。内容主要包括：泡沫钛的制备方法，泡沫钛的结构和性能表征，孔隙率定量预测模型的建立。本书具有较强的技术性和理论性，内容新颖、丰富、实用。

本书可供金属材料工程、材料物理与化学、生物医学、能源与环境等领域的工程技术人员、科研人员和管理人员阅读，也可供大专院校相关专业师生参考。

图书在版编目(CIP)数据

泡沫钛的结构设计/肖健等著. —北京：冶金工业出版社，2018.10

ISBN 978-7-5024-7899-5

Ⅰ.①泡… Ⅱ.①肖… Ⅲ.①钛—多孔金属—结构设计—研究 Ⅳ.①TG146.23

中国版本图书馆 CIP 数据核字（2018）第 237638 号

出 版 人 谭学余
地　　址 北京市东城区嵩祝院北巷 39 号 邮编 100009 电话 (010)64027926
网　　址 www.cnmip.com.cn 电子信箱 yjcbs@cnmip.com.cn
责任编辑 王 双 美术编辑 吕欣童 版式设计 孙跃红
责任校对 李 娜 责任印制 牛晓波
ISBN 978-7-5024-7899-5
冶金工业出版社出版发行；各地新华书店经销；固安华明印业有限公司印刷
2018 年 10 月第 1 版，2018 年 10 月第 1 次印刷
169mm×239mm；8 印张；155 千字；119 页
39.00 元

冶金工业出版社 投稿电话 (010)64027932 投稿信箱 tougao@cnmip.com.cn
冶金工业出版社营销中心 电话 (010)64044283 传真 (010)64027893
冶金书店 地址 北京市东四西大街 46 号(100010) 电话 (010)65289081(兼传真)
冶金工业出版社天猫旗舰店 yjgycbs.tmall.com

（本书如有印装质量问题，本社营销中心负责退换）

前　言

众所周知，泡沫金属具有众多优异的性能。钛基泡沫金属是近年来快速发展的一类新型轻质钛制品材料，具有超轻金属材料的特性。这类新型超轻钛金属材料兼具结构和功能的双重属性，在航空航天、生物医学、潜艇、汽车和环保等领域具有广阔的应用前景。当前，泡沫钛主要停留在实验室研究阶段，还缺乏大规模的商业化应用。如何设计出可靠稳定的结构是国内外学者高度关注的热点和难点。

本人长期从事泡沫钛的制备、结构和性能表征方面的研究工作，参与多项国家级科研项目，发表多篇学术论文，获得多项授权发明专利，在本领域的研究工作中积累了一些关于泡沫钛的知识，发表的论文也得到了相关领域读者的普遍欢迎。本书在文献综述的基础上，通过研究泡沫钛孔隙率与期望值之间的关系，致力于建立起泡沫钛结构设计的基础理论。

本书共分8章。第1、2章是关于泡沫钛领域制备方法研究进展并对造孔剂法进行了专题介绍；第3～5章是关于高孔隙率泡沫钛的制备、结构和性能表征；第6～8章是关于泡沫钛孔隙率定量预测模型的建立与推导。

特别感谢我的合作导师重庆大学邱贵宝教授在研究工作中的悉心指导，同时也感谢重庆大学白晨光教授、吕学伟教授、张生福教授、温良英教授和江西理工大学刘锦平副教授、王智祥副教授等老师的指导和帮助。

本书内容所涉及的研究得益于国家自然科学基金面上项目（编号：51174243）、江西理工大学博士启动基金（编号：jxxjbs16019）、江西省教育厅青年科学基金项目（编号：GJJ160655）的共同资助，在此致以真挚的谢意。本书由江西理工大学清江学术文库资助出版，在此表示诚挚的感谢。

由于学识水平和经验阅历所限，书中不足之处，还恳请有关专家和广大读者给予批评、指正。

肖　健

2018 年 4 月

目　　录

1 泡沫或多孔钛的制备方法研究进展

1.1 概述

泡沫钛和多孔钛都可以用来描述含有大量孔隙的钛材料。学术界对这两个术语还没有进行严格的界定，绝大多数学者视它们为同一概念。

和传统的致密钛材料相比，泡沫钛的许多优点已是众所周知的[1,2]。即，它能够减轻材料质量，同时也能保持出色的力学性能、优异的耐腐蚀性和良好的生物相容性。目前，泡沫钛用作骨科植入材料[3,4]、动力电池的电极材料[5,6]、催化剂载体材料[7]、吸声材料[8]和电磁屏蔽材料[9]均有文献报道。在2014年中国深圳举办的第一届新材料行业资本技术峰会上，泡沫金属被列为未来最具潜力的十大新材料之一。作为泡沫金属大家族中的重要一员，泡沫钛日益受到全球各国的高度关注。

2000年，来自德国尤里希研究所的M. Bram等人[10]首次发表了一篇关于制备高孔隙钛零件的论文。高孔隙钛零件也就是后来人们所称的泡沫钛。所使用的制备方法是一种添加造孔剂的方法，中文名称为造孔剂法。这种方法是在钛粉中添加一种临时材料，通过脱除临时材料来进行造孔。临时材料就是所谓的造孔剂，如最初使用的尿素和碳酸氢铵等。在此后的数年间，人们又相继开发出了多种其他制备方法。

2004年，美国西北大学Dunand教授发表了一篇关于泡沫钛制备方法的综述文献[11]。在这篇文献中，所有制备方法都是基于粉末冶金。泡沫钛之所以不采用熔体发泡法，这主要是因为钛在高温下与空气中的氧气和氮气有着极端的化学亲和力。而粉末冶金提供了更低的成型温度，从而降低了制备难度。根据孔的形成原理，这篇文献将制备方法划分为两类。第一类包括松装烧结法、空心球粉末烧结法、造孔剂法和有机泡沫浸渍法等方法，它们的特点是孔隙率、孔径和孔形可以通过粉末预制坯中原始孔进行调控。而第二类主要是蠕胀和超弹性膨胀，即捕获气体发生膨胀法（或气体卷入法），其特点是孔的形状、大小、连通性和体积分数独立于粉末预制坯的原始孔。相较于第一类，第二类所包含的方法由于存在工艺复杂而且难以制备高孔隙多孔泡沫钛等问题，相关的研究很少。而在第一类的众多方法中，也只有造孔剂法这一方法继续得到了大量的研究。究其原因，除了跟它的低成本和易操作等特点有关外，还与它的可通过造孔剂来自由调控材料最终的孔隙结构和性能这一突出优点有关。而这一优点也是同类其他几个方法所不能比拟的。当然，其他几种方法也的确存在明显的不足之处。例如，松装烧结法制备的孔隙率太低且不能随意调控孔隙参数，空心球粉末烧结只能制备闭孔结构而难以获得开孔结构，有机泡沫浸渍法的试样尺寸不易控制且力学性能差等。

随着科学技术的进步，泡沫钛的制备方法也一直处于更新之中。从2004年至今，人们除了大量研究造孔剂法之外，又继续开发出了如浆料发泡、凝胶注模、冷冻铸造、3D打印、纤维烧结、脱合金和自蔓延高温合成等制备方法。对于这些制备方法，目前的文献还比较零散，缺乏系统总结。本书将进行较为详细的综述，希望能通过本书的综述为本领域的学者们提供有价值的参考。

1.2 基于粉末冶金的制备方法

以钛粉为原料，采用粉末冶金的方法，在远低于金属钛熔点的温度下，实现钛粉的烧结形成多孔结构。

1.2.1 浆料发泡法

尽管熔体发泡法难以制备泡沫钛，但低温下的浆料发泡法却是一种可行的方法。图1-1所示为该方法制备泡沫钛的过程示意图。首先，将一定量的分散剂、表面活化剂和发泡剂加入去离子水中配成溶液，接着加入钛粉充分搅拌制得分散均匀的浆料。然后，将制备好的浆料倒入模具中在40～60℃温度下进行发泡并干燥制成毛坯。最后，将毛坯放入真空炉中进行烧结。

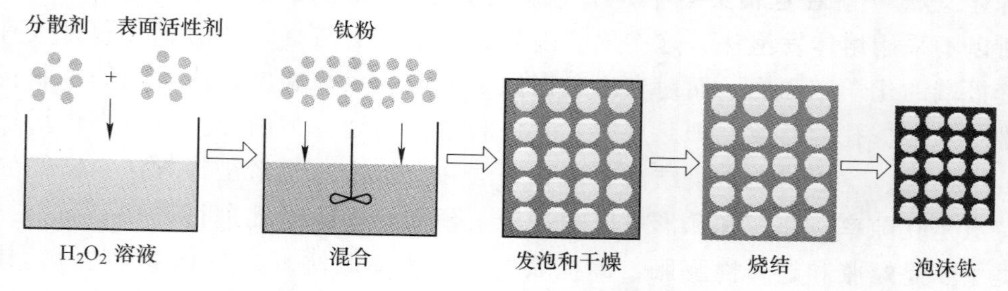

图1-1 浆料发泡法制备泡沫钛的过程示意图

李虎等人[12]最早使用这一方法。他们以商业纯钛粉为原料，双氧水（H_2O_2）作为发泡剂，制备出了孔隙率为34%～64%、抗压强度和杨氏模量分别为81.2～500MPa和1.356～5.074GPa的泡沫钛。Chen等人[13]采用同样的方法，制备出了孔隙率为48%～76%的泡沫钛。结果显示，孔隙率为64%的泡沫钛的抗压强度和杨氏模量分别为（102±10）MPa和（3.3±0.8）GPa，而孔隙率为76%的则分别为（23±10）MPa和（2.1±0.5）GPa。这两种孔隙率的泡沫钛分别可作为潜在的承载条件下的临床应用和组织工程支架材料。接着，他们研究了孔隙率为76%的泡沫钛的生物相容性[14]。结果表明，这一新型的泡沫钛支架材料能够满足骨修复的要求。Zhao等人[15]利用浆料发泡法制备出了孔隙率为74.3%±3.8%的泡沫钛材料，并在其表面涂覆了一层仿生磷灰石。结果表明，这些经过生物活性处理的泡沫钛材料在狗的股骨中表现出良好的骨整合能力。朱亚平等人[16]针对浆料发泡法制备的高孔隙率泡沫钛力学性能偏低的问题，研究了稀土氧化物CeO_2对泡沫钛力学性能的影响。结果表明，泡沫钛孔隙呈三维网络状，孔隙率为71.6%～73.5%，孔径主要分布在100～700μm，且孔壁上分布着微米级的微孔。当氧化铈的加入量为0.2%时，泡沫钛表现出最优的生物力学相容性，其杨氏模量为2.08GPa，抗压强度为60.19MPa。Kato等人[17]为了克服快速成型方法价格昂贵、造孔剂法难以控制孔壁厚度均匀性和孔径大小以及有机泡沫浸渍法会提高金属含碳量等问题，采用浆料发泡法开发出了一种新型泡沫钛板。它们由小孔径构成且是连通型、孔隙率高达87%和化学成分满足四级钛的要求。体内细胞增殖实验表明这一植入材料能够诱导细胞的生长，且它们的力学性能及其各向异性的特征类似于人体松质骨。在阳极极化测试中，泡沫钛试样表现出了良好的细胞增殖和耐腐蚀性，这表明它们在整形外科应用中作为植入体材料极具潜力。Yamada等人[18]最近利用该方法制备出了可用于脊椎融合术的泡沫钛，如图1-2所示。它的孔隙率大约为80%，大孔平均孔径为300μm，孔壁上所包含的微孔为0.5～10μm。结果表明这种新型的植入材料在脊椎融合术中不需要额外的骨移植，这对于患者而言具有重要的临床应用。然而，浆料发泡法虽然可以制备高孔隙率泡沫钛，但难以控制气泡的含量、分布和大小等参数。

1.2.2 凝胶注模法

凝胶注模法是美国橡树岭国家实验室在20世纪80年代发明的一种陶瓷近净尺寸成型工艺。与传统的陶瓷成型工艺相比，它的优越之处在于成型形

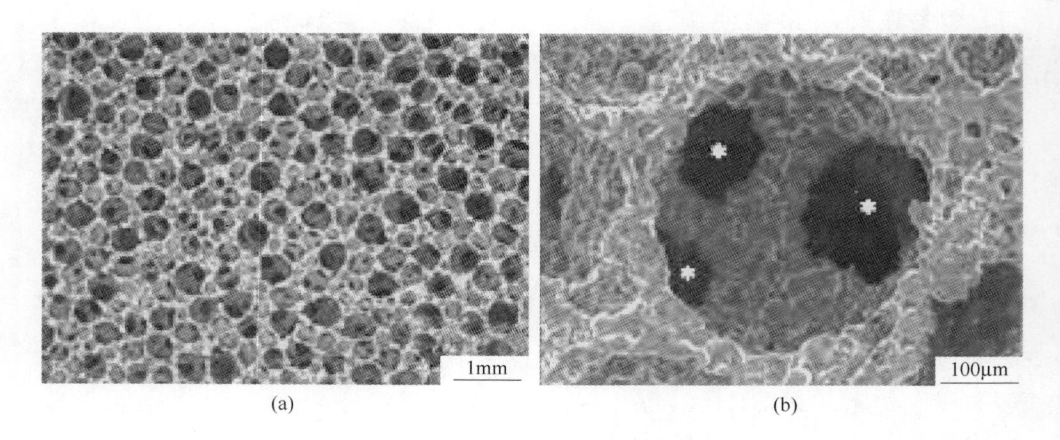

(a) (b)

图 1-2 浆料发泡法制备的泡沫钛[18]

状复杂的陶瓷部件。近年来，有学者尝试利用这一方法来制备多孔钛，其过程示意图如图 1-3 所示。首先，将有机高分子单体、交联剂和引发剂以适当浓度溶解于去离子水中制成浓度均一透明的预混液；接着向预混液中加入分散剂和消泡剂后与钛粉混合搅拌，在保护气氛下球磨数小时后获得悬浮浆料；然后将经真空除泡后的浆料注入模具于一定温度下使凝胶反应充分进行，使浆料固化成为所需形状和尺寸的坯体；最后坯体经真空恒温干燥获得干坯后，在真空中进行脱脂和烧结。

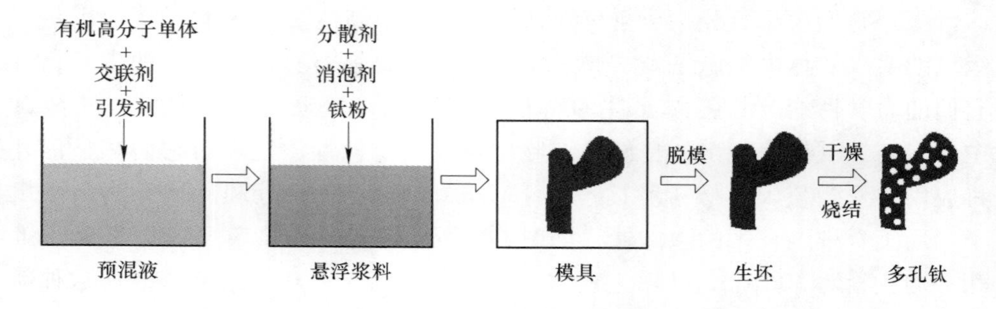

图 1-3 凝胶注模法制备多孔钛的过程示意图

北京科技大学粉末冶金材料研究所的郭志猛教授课题组是使用凝胶注模法来制备多孔钛的主要研究团队。他们的研究主要集中在 2008 ~ 2012 年[19 ~ 25]，其工作是利用纯钛粉和钛合金粉末作为原料。根据他们的研究，浆凝胶注模法有利于实现高孔隙度、高开孔率、孔洞宏观分布均匀的复杂形状大件医用泡沫钛植入材料的制备。所以，他们的工作主要是关于利用这一方法制备生物医用多孔钛材料。首先，他们利用纯钛粉作为原料，制备出了孔隙率为40.5%～53.8%的多孔纯钛[19~21]。结果表明，适合的预混液单体浓度为30%（质量分数），单体：交联剂为120：1，浆料固相含量为34%（体积分数）。所制备的孔隙率为46.5%的多孔钛的抗压强度和杨氏模量分别是158.6MPa和8.5GPa，其力学性能与自然骨基本匹配。当在钛粉中添加8%的Co粉和Mo粉时，所制备的多孔Ti-8Co和Ti-7.5Mo的孔隙率为38.34%～58.32%、孔径为5～102μm、杨氏模量为7～25GPa[22]。图1-4所示为凝胶注模法制备的类骨形泡沫Ti-7.5Mo材料。与多孔纯钛相比，多孔Ti-7.5Mo合金的生物力学性能更加优异，适合作为医用植入材料[23]。与多孔纯钛相比，添加Co元素明显提高了多孔钛的力学性能，使其更适合作为医用植入材料[24]。对于孔隙率为40%～45%的多孔Ti-12.5Mo合金和39%～48%的多孔Ti-Nb合金，它们的性能接近于人骨，适合作为医用植入材料[25]。尽管凝胶注模法有着许多优点，但其存在致命缺点是难以制备出高孔隙的多孔钛。

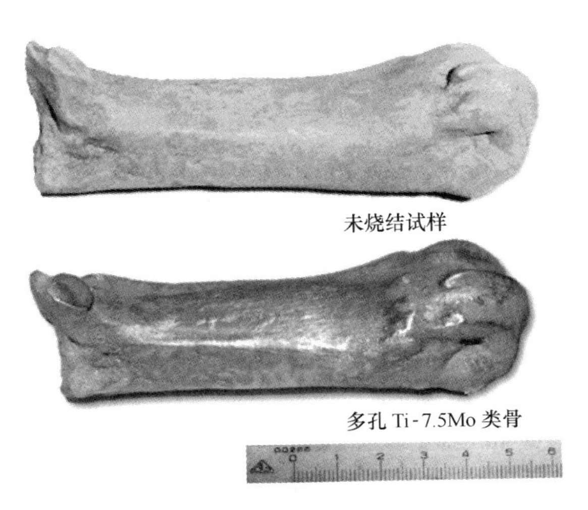

图1-4　凝胶注模法制备的类骨多孔钛材料[22]

1.2.3　冷冻铸造法

冷冻铸造法是在含钛粉末原料中添加液相介质制成浆料，浆料经冷冻凝固后进行干燥加热，其中的液相介质不经过液态而直接升华成气体排出，剩余坯体再进行高温烧结。液相介质也称之为冷冻剂。目前，成功应用于制备泡沫钛的冷冻剂有水和莰烯。图1-5所示为水作为冷冻剂制备泡沫钛的过程示意图。这一过程同样适用于莰烯。

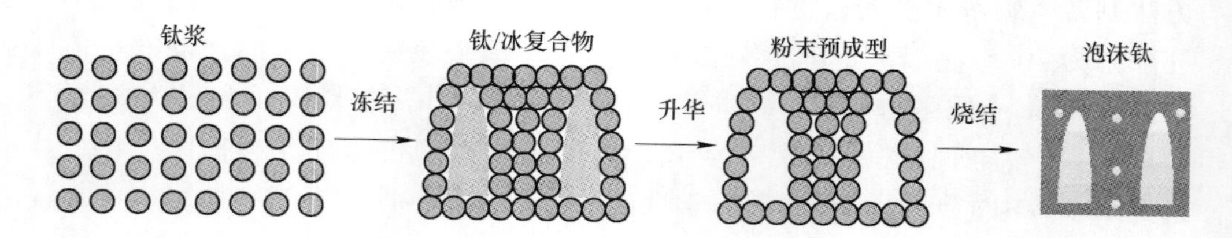

图 1-5　冷冻铸造法制备泡沫钛的过程示意图

1.2.3.1　水作为冷冻剂

当利用水作为冷冻剂时，主要是考虑到了水凝固成冰之后在低温低压状态下经干燥加热后可不通过液态而直接升华成气体。由于水凝固成冰的过程具有方向性，所以通常在这一方法的前面加上术语“定向”。美国西北大学的 D. C. Dunand 教授是用定向冷冻铸造法来制备泡沫钛的主要研究团队。他们曾在 2008 ~ 2011 年做过这方面的研究工作[26~28]。这些工作主要研究了冷冻铸造法的制备工艺以及所制备泡沫钛的结构特征和力学性能。图 1-6 所示为用冷冻铸造法制备泡沫钛的微观形貌。其中，图 1-6（a）所示为二维光学显微镜照片，图 1-6（b）所示为同步辐射 X 射线断层扫描获得的三维重构图片。可以看到，孔具有一定的方向性，且呈现对齐和细长的形状。这是由于水的定向凝固所造成的。除了大孔，孔壁上还包含着一定数量并彼此独立的微观小孔。这一结构特征是粉末冶金法所特有的，因为钛粉在烧结过程难

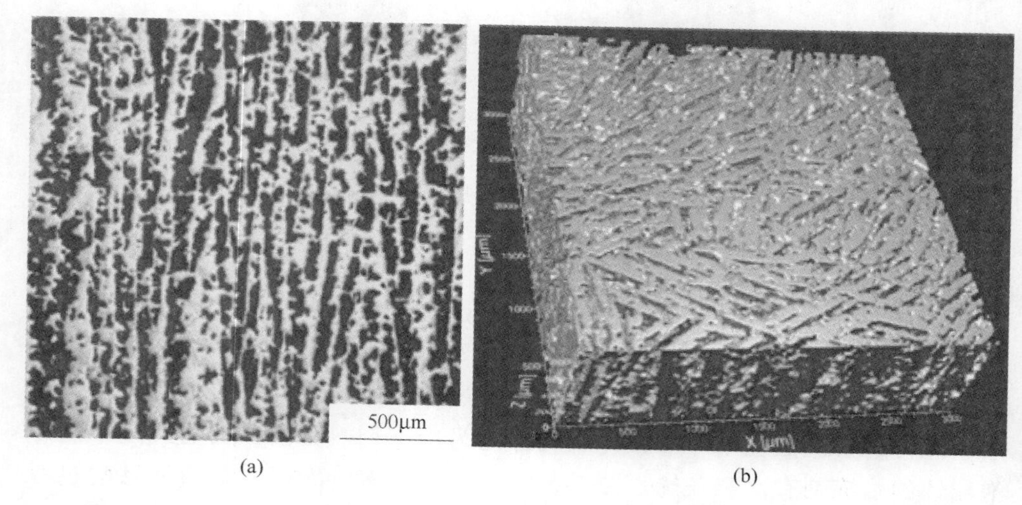

(a)　　(b)

图 1-6　定向冷冻铸造法制备泡沫钛的多孔结构[27]

以达到完全的致密化。力学性能测试结果表明泡沫钛的压缩模量、屈服强度和能量吸收随着烧结时间的增大和粉末粒度的减小而增大。

1.2.3.2 莰烯作为冷冻剂

水作为冷冻剂的优点是非常环保，但缺点是需要在0℃以下进行，这给操作带来了不便。此外，也有学者认为水作为冷冻剂会给钛粉表面带来氧污染。所以，有学者就提出利用莰烯来作为冷冻剂。因为莰烯的凝固点大约是51～52℃，可以实现室温下的凝固和升华。韩国首尔大学的 S. W. Yook 教授课题组是利用莰烯作为冷冻剂来制备泡沫钛的主要研究团队。他们首先利用 TiH_2 粉作为原料，采用冷冻铸造法制备出了孔隙率为49%～63%、抗压强度为81～253MPa 的泡沫钛[29]。结果表明，莰烯/钛粉浆料的凝固温度大约是33℃。接着，他们将凝固时间从1天增加到4天和7天[30]。图1-7所示为不同冷冻时间下所制备泡沫钛材料的扫描电镜图片。结果表明，尽管凝固时

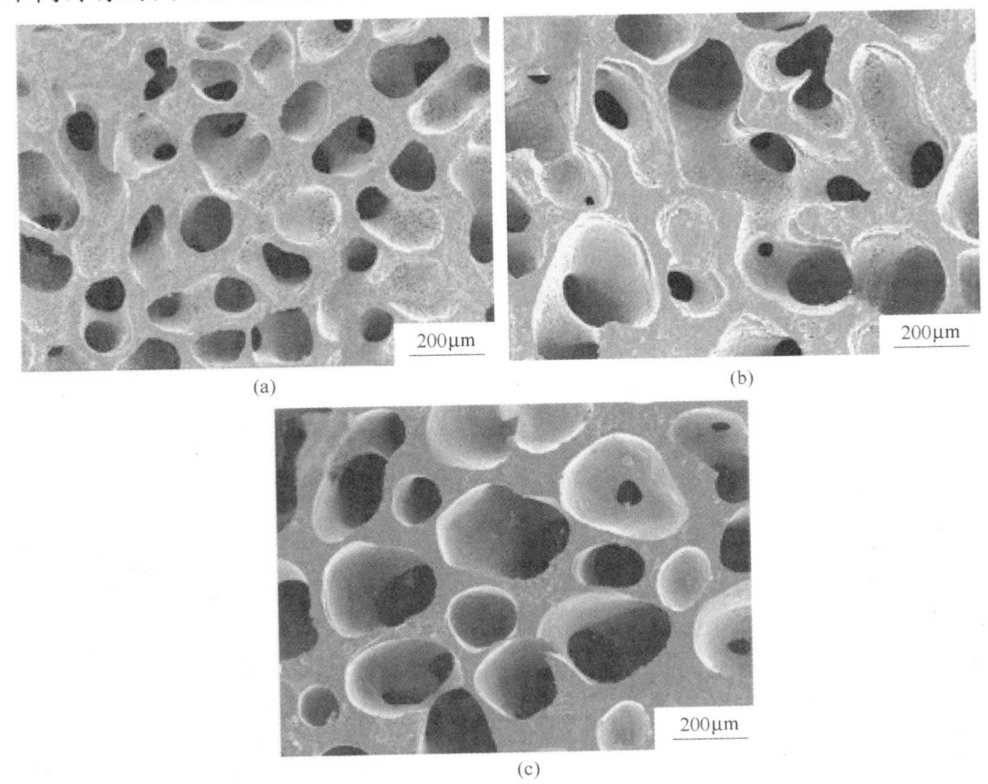

图1-7 当莰烯作为冷冻剂时，不同冷冻时间下所制备泡沫钛的扫描电镜图片[30]
(a) 1天；(b) 4天；(c) 7天

间不同，但所有的试样都显示出相近的孔隙率64%。然而随着凝固时间的增加，孔径大小从143μm增加到271μm。同时，由于钛骨架上微观小孔的减少，抗压强度从（48±10）MPa增加到（110±17）MPa。Yook教授课题组指出这种兼具高抗压强度和连通型大孔径的多孔支架材料适用于作为承载构件。

莰烯作为冷冻剂仍有几个局限性。第一，由于莰烯的凝固速度比水更慢，导致实际制备中对齐莰烯枝晶的长度很难增加。第二，大多数金属粉末表现出沉降的趋势。第三，现有冷冻铸造法制备泡沫钛的孔径最大是300μm。所以，为了能够制备出高度对齐的大孔径泡沫钛材料，Yook教授课题组提出了全新的解决办法，即反向冷冻铸造法[31]。它的主要概念是基于原料粉末的迁移，而不是莰烯枝晶的生长。所以，他们将原料粉末从 TiH_2 粉改成钛粉。反向冷冻铸造法包括两个步骤：首先是莰烯的单向凝固，接着将包含莰烯的钛粉浆料倒在凝固的莰烯的上面，随即在－20℃下淬火冷却。其后，所获得的双层结构材料（下层是凝固的莰烯层，在它上面是钛粉-莰烯浆料层）在45.5℃的温度下静置不同的时间。这允许钛粉向下面的单向凝固莰烯之间的通道有足够的迁移。图1-8所示为不同冷冻时间下所获得的不同结构特征的泡沫钛材料的横截面扫描电镜图片。利用反向冷冻铸造法，可以获得对齐的开孔结构，孔径最大可达500μm，孔隙长度最长可达3cm的泡沫钛材料。

然而，反向冷冻铸造法没有解决孔隙分布不均匀的问题，于是Yook教授课题组又提出了动态冷冻铸造法[32]，也就是在制备的过程中将钛粉-莰烯浆料倒入模具中进行旋转搅拌均匀。利用这一改进型方法，他们制备出了孔隙率为52%～71%、孔径大小为95～362μm的泡沫钛。它们的扫描电镜图

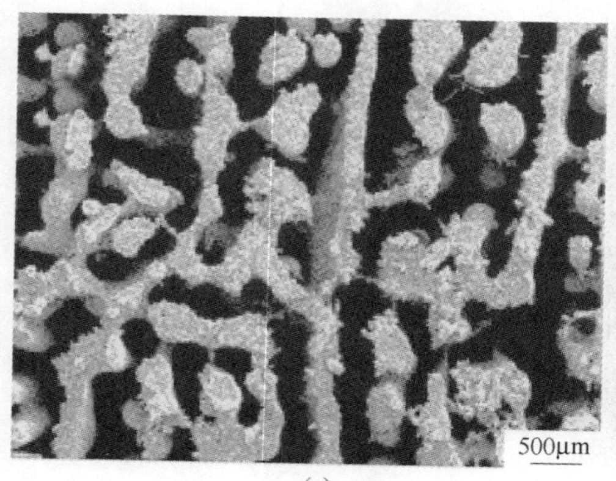

(a)

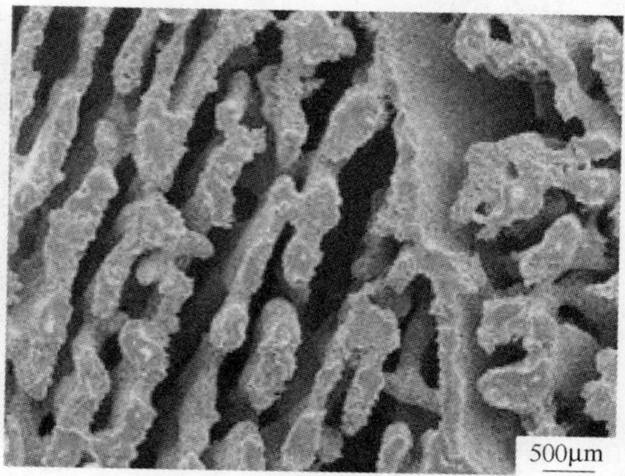

(b)

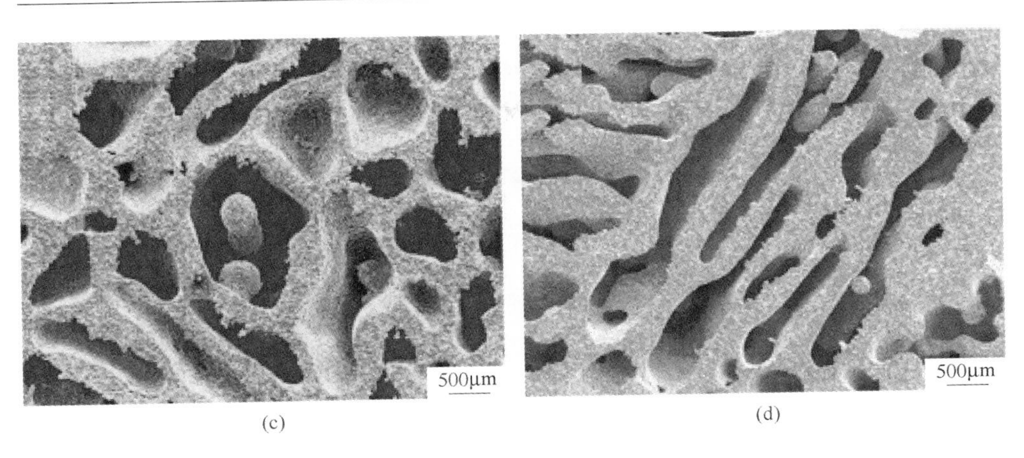

图 1-8　反向冷冻铸造法制备的不同结构特征的泡沫钛的扫描电镜图片[31]

片如图 1-9 所示。这些试样显示了呈均匀分布的近球形孔洞结构。这揭示出莰烯在凝固过程是均衡的长大。尽管莰烯作为冷冻剂可以实现室温下进行试验操作的问题，但是莰烯本身具有毒性，会危害人类的健康，并对皮肤有刺激性。所以，冷冻铸造法制备泡沫钛的文献在近几年还没有更新报道。

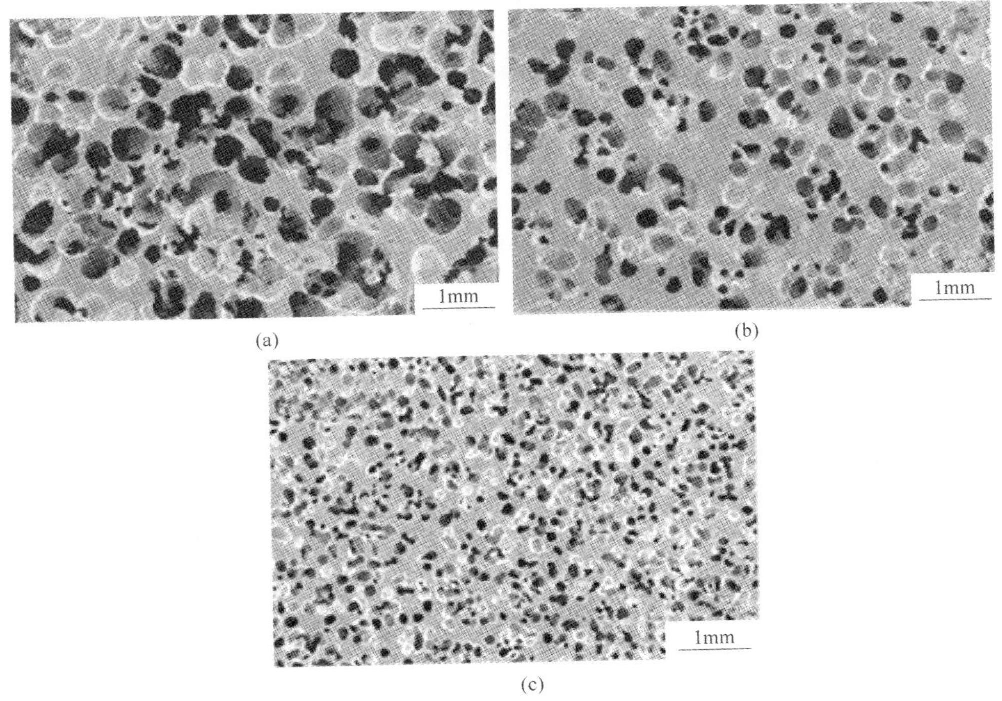

图 1-9　动态冷冻铸造法制备的不同孔隙率泡沫钛的扫描电镜图片[32]

1.2.4　3D 打印

3D 打印，又称增材制造或者快速成型技术[33]。图 1-10 所示为 3D 打印技术制备多孔钛的过程示意图。它主要包括模型设计、切片处理、层层打印和后处理等步骤。也就是说，孔是通过打印机层层堆积形成的，这和传统的制备方法有着本质上的不同。

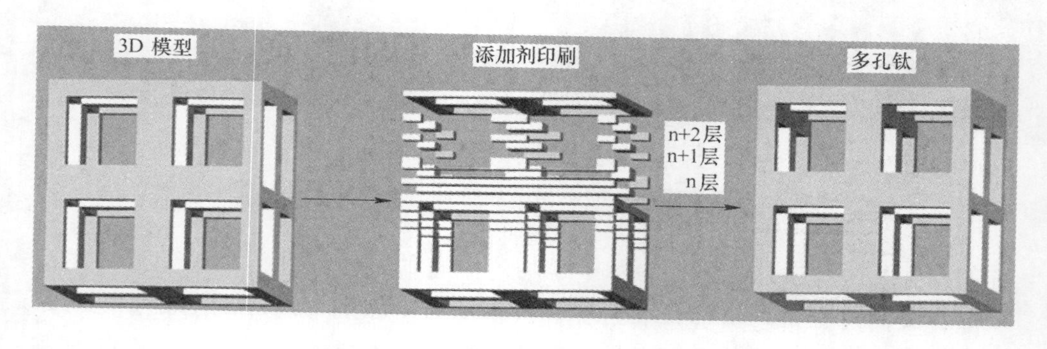

图 1-10　3D 打印技术制备多孔钛的过程示意图

根据成型系统的不同，3D 打印又可细分为不同的技术名称。在多孔钛制备领域，主要有选择性激光烧结、选择性激光熔化、激光工程化净成型、电子束选区熔化和 3D 纤维沉积等几种主流技术。

1.2.4.1　选择性激光烧结

选择性激光烧结（selective laser sintering，SLS）是采用激光有选择地分层烧结固体粉末，并使烧结成型的固化层层层叠加生成所需形状的零件[34]。其整个工艺过程首先是在计算机上生成零件的 CAD 实体模型，然后将该实体模型离散化生成 STL 文件并利用切片软件读取 STL 文件，将零件切成一系列薄层，并生成每一层的扫描轨迹。接着进行铺粉，完成后开启数控系统来操控激光束，激光束按照该层截面轮廓在粉层上进行扫描照射，使粉末温度上升至熔化点时进行烧结从而与下层实现冶金结合，一层截面烧完后接着开始新一层截面的烧结，如此反复直至工件完全成型。最后将未烧结的粉末进行回收再利用并取出成型件。

俄罗斯的 Shishkovsky 等人[35,36]最早采用 SLS 工艺来制备多孔钛。他们的工作主要是研究多孔支架的生物相容性和力学行为。刘福兴等人[37]采用同样的方法制备出了多孔钛支架模型，如图 1-11 所示。这个打印件保持了模型的外观形状，但尺寸有所收缩。和模型的光滑表面相比，打印件的表面略显粗糙。试样的 SEM 微观形貌显示打印件含有大量的微孔。丁冉等人[38]利用这一工艺获得了具有可控微结构的多孔钛支架，并探讨了这些支架的体外细胞相容性及修复节段性骨缺损的疗效。结果显示，这些支架在显著降低实体金属所固有的弹性模量的同时保持了很好的机械强度，能够提供承重部位的力学支撑。这表明，这些支架展现了良好的体外相容性，能够有利于长段骨缺损的修复。丁冉等人指出研究的成果为这种新型可控支架结构能够为临床的进一步应用提供了一定的依据。同时，他们也指出这种高强度、低模量的钛合金支架与生物活性涂层相结合的机理以及软骨内成骨的演化机制尚未阐述清楚。曹鑫等人[39]最近利用 SLS 工艺获得的多孔试样具有与自然骨极为相似的内部连通的微孔结构。支架的孔隙率可通过改变工艺参数获得。经过表面涂层处理，这些生物支架的外表面及内部微孔表面均出现了类骨磷灰石层，实现了 HA 钙磷涂层的三维空间生长。尽管 SLS 工艺可以制备出复杂形状的多孔钛，但它存在着打印精度低、零件致密度低和力学性能差等一系列问题。

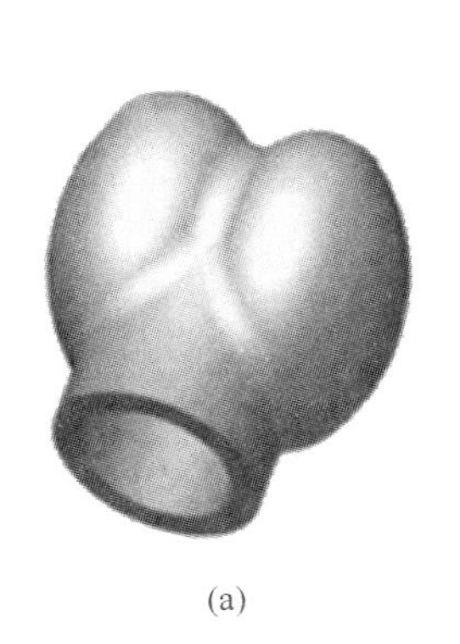

(a)

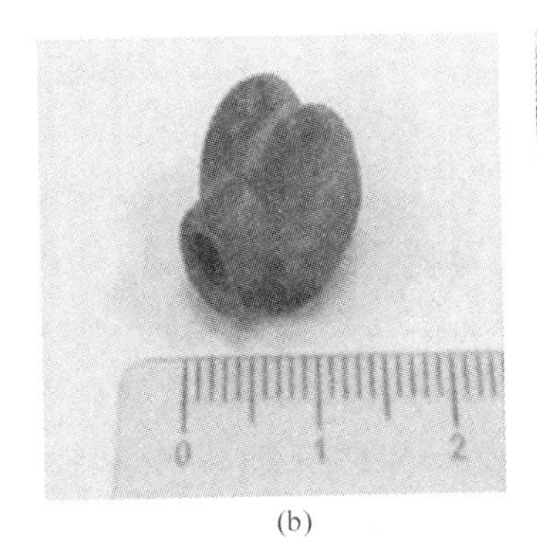

(b)

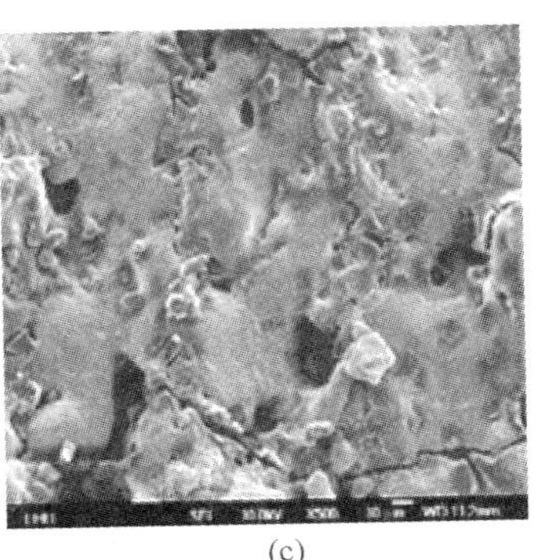

(c)

图 1-11 SLS 工艺制备的多孔钛支架[37]

1.2.4.2 选择性激光熔化

选择性激光熔化（selective laser melting，SLM）是通过直接熔化金属来成型的一种技术[40]。它的工艺过程与 SLS 工艺类似，不同之处仅在于它使用了更高功率的激光器，即钇铝石榴石型激光器。而 SLS 工艺使用的是红外或者 CO_2 激光器。由于使用了更高功率的激光器，激光扫描熔化粉末将会形成瞬时熔池，熔池再经过快速冷却来实现钛-钛间冶金结合。所以，SLM 工艺能够制备出致密度接近100%的零件。

Mullen等人[41]以简单八面体为单元结构，利用SLM工艺获得了适合骨长入的多孔钛支架。这些支架的孔隙率为10%~95%，而抗压强度为0.5~350MPa。Warnke等人[42]利用SLM工艺制备出了具有立方体单元结构的多孔钛支架材料。Wang等人[43]利用SLM工艺制备出了孔隙率约为70%、骨架相连和大尺寸孔径连通的多孔钛支架。Barbas等人[44]利用有限元软件来开发和力学表征可应用于骨替代材料的SLM多孔钛。Habijan等人[45]研究了SLM多孔钛支架的生物相容性。Lipinski等人[46]则对SLM多孔钛的疲劳性能进行了模拟研究。Van等人[47]利用SLM工艺制备出了十二面体结构单元的多孔钛支架，并研究了这些支架用作缺损皮质骨时的生物相容性。结果表明，这些支架材料在治疗大骨缺陷时具有高机械完整性。Campanelli等人[48]利用SLM工艺制备出了具有微型点阵结构的孔隙率为41%~78%的多孔钛支架。Kim等人[49]利用X射线显微层析技术来定量表征SLM工艺制备多孔钛的结构和网络支架。结果表明，X射线显微层析技术不仅能够提供3D定量的结构质量，还可以提供反馈机制。这种改进的初始设计能够用来创造更加稳定和可靠的多用途多孔钛。

Yavari等人[50]通过对SLM多孔钛的表面进行热处理和阳极氧化，获得了二氧化钛纳米管的外观层。图1-12所示为多孔钛表面的扫描电镜图片，它显示了近乎完全致密的骨架。戚留举等人[51]利用SLM工艺制备出了截角八面体结构单元的多孔钛。结果显示孔隙率小于所设计值。Markhoff等人[52]利用SLM工艺制备出了三种不同结构特征的多孔钛（即，立方体形、金字塔形和对角线形），并研究了这些支架在静态和动态细胞观察实验中的人类成骨细胞行为。结果表明，SLM工艺制备的最高孔隙率、小尺寸孔径和金字塔形的结构特征被证明是最适合细胞增殖和迁移的结构。Matena等人[53]针对SLM多孔钛应用于改善增强血管的形成和成骨细胞的繁殖进行了研究。游嘉等人[54]采用SLM工艺实现了钛金属多根牙种植体及其表面三维连通多孔结构的制造。结果表明，采用SLM工艺制备的表面具有三维连通多孔结构的多根牙种植体成骨效能优于市售可吸收介质喷砂表面处理的种植体，具有临床应用前景。Taniguchi等人[55]对SLM多孔钛支架进行了动物体内实验研究，探索了孔径大小对兔骨形成的影响。结果表明，孔径大小为600μm的多孔钛支架由于具有合适的力学性能、高固定能力和快速的骨形成，可以作为合适的骨科植入材料。

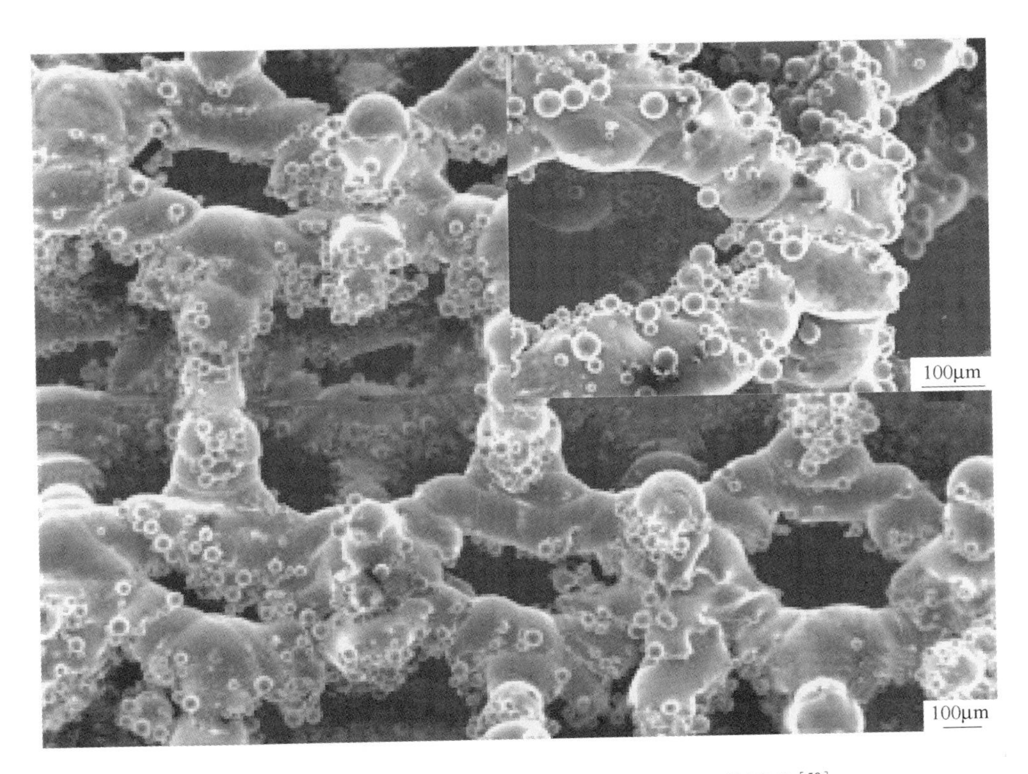

图 1-12 SLM 工艺制备的多孔钛表面的扫描电镜图片[50]

1.2.4.3 激光工程化净成型

激光工程化净成型（laser engineered net shaping，LENS）是一种在 SLS 工艺中引入激光熔覆的技术。众所周知，激光熔覆是一种表面改性技术。它是利用高能密度的激光束使熔覆材料与基材表面薄层一起熔凝，从而在基层表面形成与其为冶金结合的添料熔覆层。所以，LENS 工艺也能够制备出致密度近乎 100% 的零件。它的工艺过程和 SLM 工艺类似，不同之处在于它采用的是喷嘴送粉，即通过气动喷注法把粉末注入熔池。

美国华盛顿州立大学的 S. Bose 教授课题组是利用 LENS 工艺来制备多孔钛的主要研究团队。在 2007 年，他们利用该工艺获得了孔隙率为 17% ~ 58%、孔径最大可达 800μm、抗压强度和杨氏模量分别为 24 ~ 463MPa 和 2.6 ~ 44GPa 的多孔钛材料[56]，并评价了多孔钛试样在人体内与成骨细胞的生物相容性。结果表明，细胞在多孔钛的表面生长良好并且有很好的附着力。和致密钛板相比，多孔钛具有更好的生物相容性。实验结果揭示出，有利于细胞长入孔洞的孔径是大于等于200μm。然而，扫描电镜图片却显示出多孔钛的孔壁含有大量的微孔，如图1-13所示。其中，大孔是计算机所设计的，微孔分布于钛颗粒间。微孔的存在意味着骨架并没有达到完全致密。尽管这些微孔有利于细胞的黏附和增殖，但却会恶化材料的使用性能，是与这一技术的初衷所相违背的。接着在2010年，他们对LENS多孔钛的压缩性能进行了研究。结果表明，变形行为和力学性能依赖于孔的分布和承载截面的连续性。然而，LENS系统造价非常昂贵，且成型加工过程易出现体积收缩过大、粉末爆炸迸飞和表面质量等问题，所以利用这一方法来制备多孔钛并不是很好的选择[57]。

图1-13　LENS工艺制备多孔钛的扫描电镜图片[56]

1.2.4.4 电子束选区熔化

电子束选区熔化（electron beam selective melting，EBSM）是一种利用高能量密度和高能量利用率的电子束扫描、熔化金属粉末逐层制造三维实体零件的制造方法[58]。众所周知，激光加热容易导致成型过程中 O、C、N 等间隙元素与钛进行反应，从而阻碍了钛粉颗粒之间的冶金结合。与激光相比，电子束作为加热源能够很好地避免这些问题。它不仅具有更高的能量利用率且不产生污染[59]。它的工艺过程与 SLS 工艺类似，不同之处在于它是利用电子束实时偏转来实现熔化成型。

Parthasarathy 等人[60]利用电子束选区熔化技术制备出了孔隙率为49.75%～70.32%的多孔钛。它们的杨氏模量和抗压强度分别为 0.57～2.92GPa 和 7.28～163.02MPa。结果表明，EBSM 技术是有前途的直接制备能够应用于个性化医疗的特制钛植入体材料的快速制造工艺。汤慧萍等人[61]研究了电子束成型工艺、多孔结构对多孔钛材料的组织和力学性能的影响。结果表明，在较高的成型温度和束流强度及低的扫描速率工艺参数下，可以获得孔壁几乎完全致密的骨架，如图 1-14 所示。Markhoff 等人[52]不仅利用 SLM 工艺来制备多孔钛，也利用了 EBSM 技术，所制备的多孔钛由立方体单元结构构成，其孔隙率约为 51%、孔径为 700μm。根据汤慧萍等人[59]最近的综述文献，EBSM 技术还存在着一些关键科学问题尚未明晰以及材料、装备与技术还有待深入发展等问题。所以，只有当这些问题被解决之后，才有可能实现 EBSM 技术被大量的应用于多孔钛的制备。

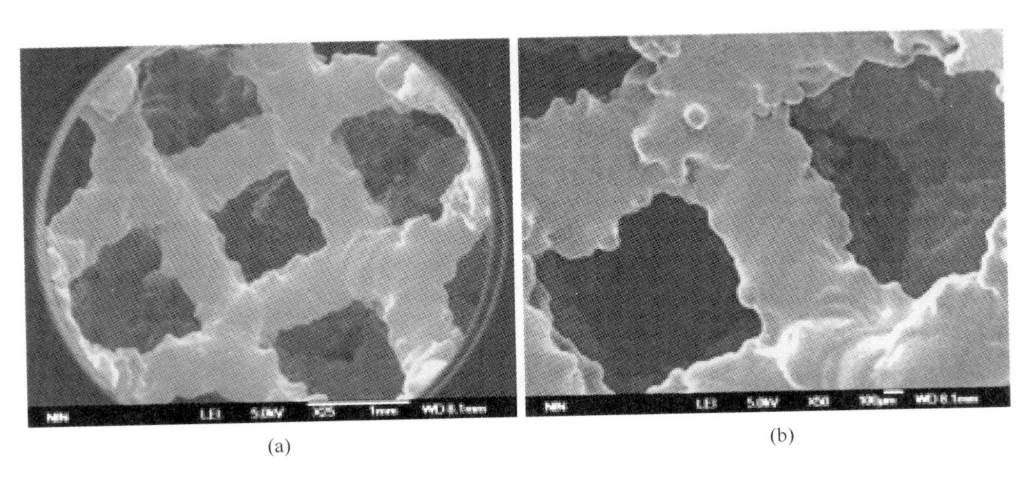

(a) (b)

图 1-14 EBSM 工艺制备多孔钛的扫描电镜图片[61]

1.2.4.5　3D 纤维沉积

3D 纤维（3D fiber，3DF）沉积技术是采用钛粉浆料作为打印原料来制备生物纤维多孔钛。它首先是 Ti6Al4V 浆料在 3D-生物绘图机器里通过喷嘴喷出，接着浆料在平台上沉积呈一条纤维后经过干燥进行快速凝固。如此反复，层层堆积。沉积完后，打印支架在室温下干燥数小时后在真空下烧结若干小时。Li 等人[62]利用 3DF 技术制备出了 5 种不同结构的多孔钛，它们分别是低孔隙率、中孔隙率、高孔隙率、双层和梯度孔隙率。图 1-15 所示为它们当中高孔隙率多孔钛的扫描电镜图片。动物实验研究结果表明，这些生物支架对新骨的生长具有积极的影响。

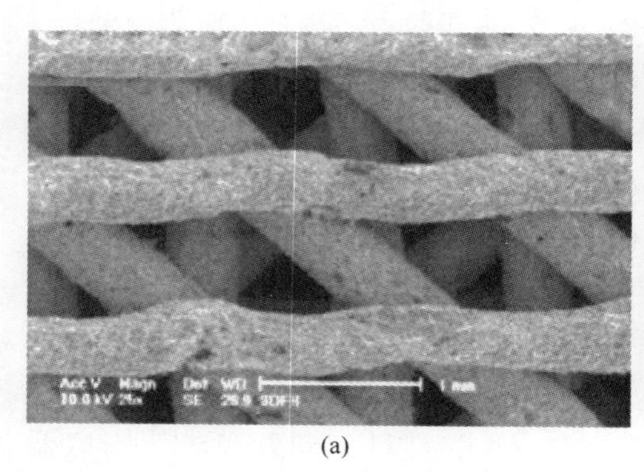

(a)

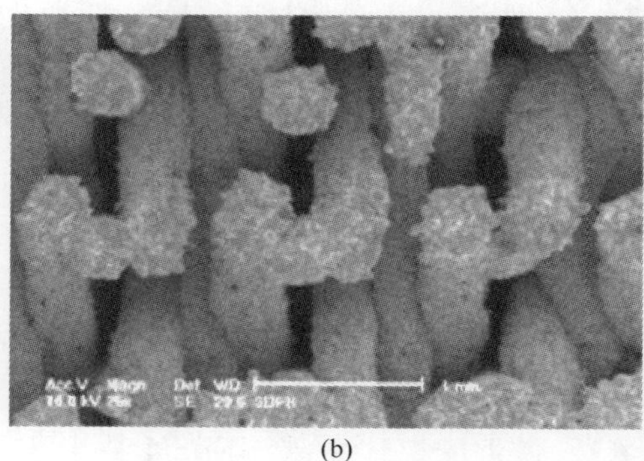

(b)

图 1-15　3D 纤维沉积制备高孔隙率多孔钛的环境扫描电镜图片[62]

1.3　基于物理或化学合成的制备方法

除了粉末冶金，还可以通过物理或化学合成的方式来形成多孔结构。

1.3.1　纤维烧结法

纤维烧结法（fiber sintering，FS）是一种将一根根钛纤维按照一定方式绕制成纤维毡，通过烧结来实现钛纤维之间冶金结合的方法。这一方法常用于制备具有三维网状的多孔结构、不同孔径梯度、大比表面积、高过滤精度和大纳污量的多孔金属材料。图 1-16 所示为纤维烧结法制备多孔钛的过程示意图。简而言之，制备过程首先是将钛纤维绕制成螺旋线，接着将螺旋线交叉排列后冷压成型，最后在真空炉进行高温烧结。在这里，钛纤维简单的缠绕在一起，实际的缠绕要远比这个复杂。

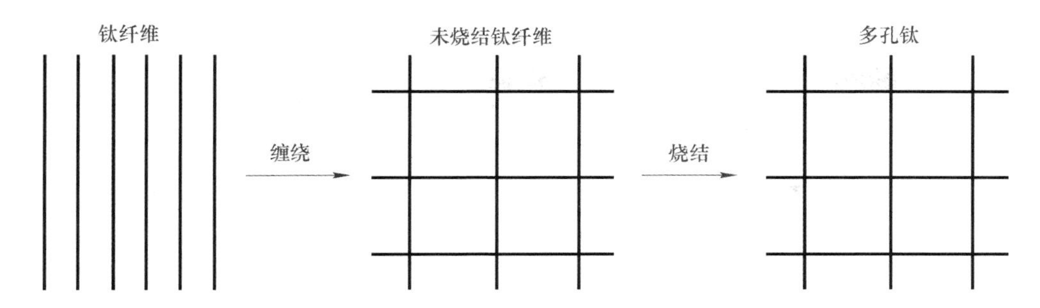

图 1-16 纤维烧结法制备多孔钛的过程示意图

邹鹑鸣等人[63]采用纤维烧结法，制备出的多孔钛具有三维贯通结构，孔隙率为 29% ~84%，孔隙尺寸为 100 ~800μm。当孔隙率为 55% ~60% 时，压缩屈服强度为 150 ~230MPa，弹性模量为 4.0 ~4.2GPa，与骨组织相近。经表面钙磷涂覆处理的多孔钛在模拟体液中浸泡 3 天后，内外孔壁均被类骨磷灰石覆盖，表现出良好的诱导骨生长特性。他们的另一工作则获得了孔隙率为 35% ~84%、孔隙尺寸为 150 ~600μm 的多孔钛[64]。它们的杨氏模量和抗压强度分别为 60 ~200MPa 和 2.0 ~4.3GPa。接着，他们对钛纤维的烧结颈的尺寸大小和位置对多孔钛力学性能的影响进行了模拟研究[65]。结果表明，在单向压缩载荷下，应力集中首先出现在烧结颈。烧结颈的贡献系数大约是螺旋孔结构的 3.5 倍。烧结颈的相对直径越大，压缩屈服强度和杨氏模量就越大。He 等人[66]在成型压力 12 ~180MPa 下，制备出了孔隙率为 48% ~82% 的多孔钛。孔结构是不规则形且在尺寸范围内呈近半正态分布。结果表明，力学性能随着孔隙率的增大而显著的降低。由于它们的良好的韧性、出色的柔韧性、高强度、合适的杨氏模量和较低的成本，这一类材料作为骨科植入材料非常具有应用前景。接着，他们又研究了不同烧结条件下这些具有缠绕结构的多孔钛的弯曲和压缩力学行为。结果表明，随着孔隙率的减小，弯曲和压缩力学性能显著的提高。随着烧结温度和/或烧结时间的增大，多孔钛的力学性能显著的提高。但另一方面，由于钛纤维表面的氧化作用会导致烧结过程引起孔隙率的降低。为了提高金属纤维多孔钛的刚度，Jiang 等人[67]改用医用高分子有机玻璃来黏接钛纤维。结果表明，这一方法比烧结的效果更好。Li 等人[68]利用纤维烧结法制备出了孔隙率为 30% ~70% 的多孔钛。它们的准静态压缩杨氏模量和屈服强度分别为 0.4 ~6.5GPa 和 5 ~105MPa。多孔钛在平面方向具有各向异性结构，而在面外方向具有细长结构，如图 1-17 所示。结果表明，相对密度为 30% ~40% 的多孔钛在用作人类小梁骨植入体方面具有巨大应用潜力。

Liu 等人[69]对钛纤维的烧结行为进行了研究。结果表明，烧结颈的形成主要依赖于晶界扩散机制，烧结温度对烧结颈的形成和长大有重要影响而烧

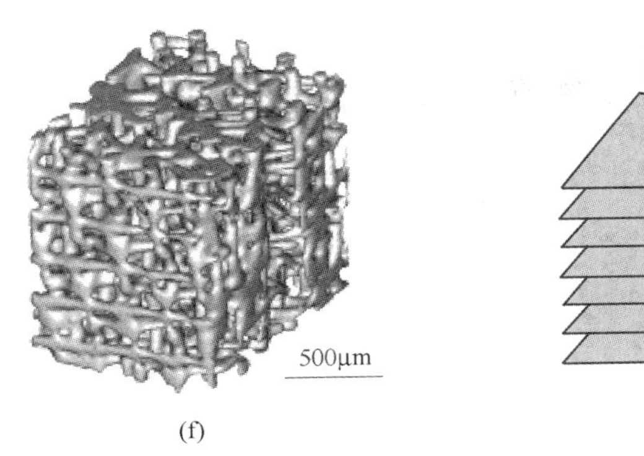

(f)

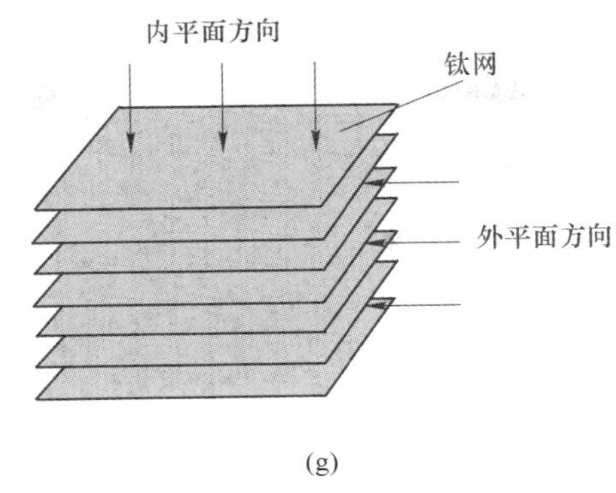

(g)

图 1-17 纤维烧结法制备的多孔钛[68]

结时间几乎没有影响。徐广胜等人[70]采用钛网层叠烧结的方法制备出规则排列与错孔排列具备不同空间拓扑结构的多孔钛。经对比研究发现：两种不同的排列方式形成不同的空间拓扑结构。当方形孔错排时，弹性模量和屈服强度均呈现不同程度的下降，且弹性模量下降的幅度远远大于屈服强度下降的幅度。通过力学解析模型分析可知，挠度屈服和应力集中是力学性能下降的主要因素。接着，他们又研究了不同介质溶液对多孔钛微观结构和力学性能的影响[71]。结果表明：酸洗处理在多孔钛表面形成"阶梯"型层状光滑表面，碱热处理在多孔钛表面形成微/纳米孔，模拟体液浸泡处理则在多孔钛表面形成均匀的羟基磷灰石涂层。在力学测试中，酸洗处理及碱热处理能显著地降低多孔钛的弹性模量，对于屈服强度则无显著影响；模拟体液浸泡处理则能显著提高多孔钛的杨氏模量和屈服强度。谢文杰等人[72]则系统地研究了高径比对金属纤维多孔钛力学行为的影响。结果显示高径比越小的样品，其弹性模量和屈服强度越大，能量吸收能力也越强。高径比越大的样品其理想能量吸收率在上升阶段上升得越快，但也越快地进入到衰减阶段，导致其最大理想能量吸收率较小。

1.3.2 脱合金法

脱合金法（dealloying）是通过对二元的固溶体合金进行适当的腐蚀，将其中较为活泼的金属溶解，剩余的较为惰性的金属原子经团聚生长最终形成双连续的纳米多孔结构[73]。图 1-18 所示为脱合金法制备泡沫钛的过程示意图。它主要是通过选择性化学或电化学腐蚀钛合金试样中的某一合金成分来获得纳米孔泡沫钛材料。脱合金法制备泡沫金属的相关资料可参考综述文献[74]，它指出脱合金法主要受到合金体系和电解质的影响。一般而言，所选择的材料体系中的合金金属元素之间的电极电位差要足够大，以利于选择配置脱合金条件，溶解其中较为活泼的元素保留较为惰性的元素。

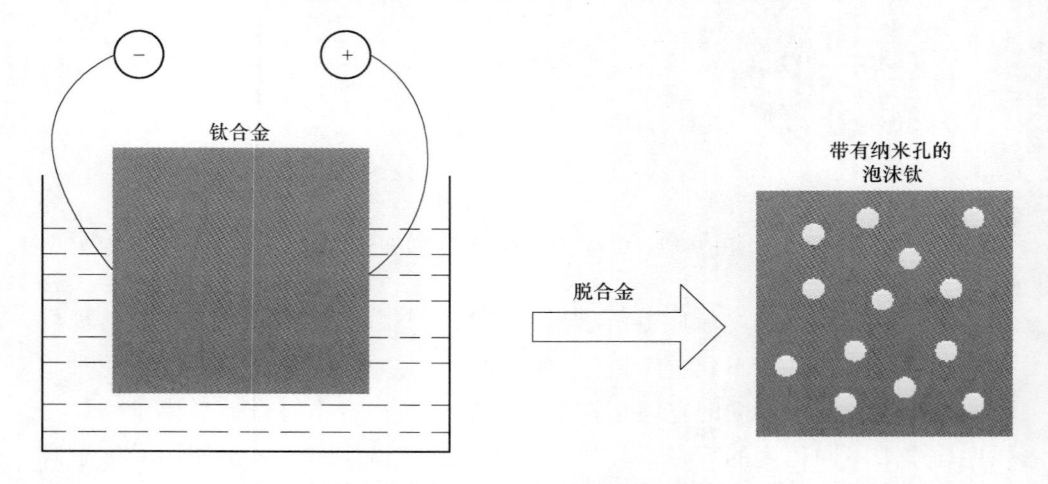

图 1-18　脱合金法制备纳米孔泡沫钛的过程示意图

李亚宁等人[75]以低铝含量的 Ti6Al4V 合金为前驱体，以 NaOH 溶液为电解质，利用脱合金法成功制备了纳米多孔泡沫钛。制备过程如下：首先是将 0.4mm 厚钛合金箔在保护性气氛炉中 900℃热处理 2h。接着用 Al_2O_3 砂纸机械抛光后在丙酮中清洗烘干，再用绝缘胶密封只留 $1cm^2$ 的区域用作工作电极，而石墨为对电极。最后，在恒电位仪器和三电极电化学综合测试系统中进行电化学腐蚀。结果表明，0.6V 是临界恒定电压。当电压超过这个值时，脱合金过程都能发生。当电压达到 2.1V 时，样品表面形成大量的纳米孔，如图 1-19 所示。这是我们所能检索到的关于采用脱合金法来制备泡沫钛的唯一一篇文献。这说明这方面的研究还不是很多，未来需要予以更多的关注。因为这一方法在制备纳米孔泡沫钛方面具有良好的应用前景。

1.3.3　自蔓延高温合成法

自蔓延高温合成法（self-propagating high temperature synthesis，SHS），又称燃烧合成法（combustion synthesis，CS）[76]，它是在高真空或介质气氛中点燃粉末压坯来产生化学反应，化学反应放出的生成热使得临近的物料温度

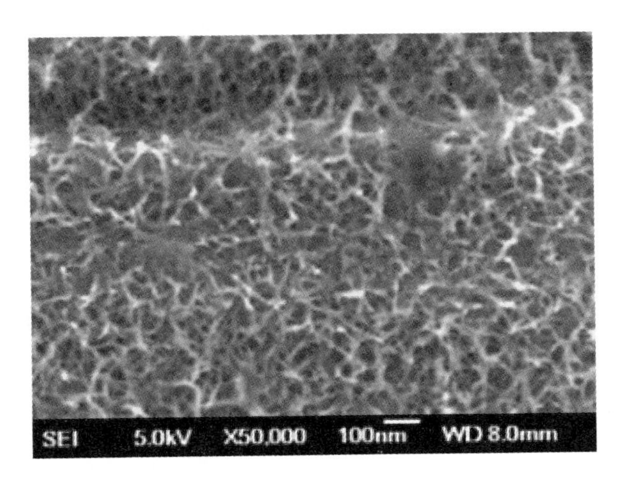

图 1-19 脱合金法制备的纳米孔泡沫钛试样的微观结构[75]

骤然升高而引发新的化学反应。化学反应以燃烧波的形式蔓延至整个反应物，当燃烧波推行迁移的时候反应物变成生成物产品。由于反应过程中放出大量的热量，导致低熔点的反应物或产物在燃烧过程中的熔化、冲刷而形成孔洞[77]。所以，利用 SHS 反应的这一特性可以制取多孔材料。图 1-20 所示为自蔓延高温合成法制备泡沫钛的过程示意图，它主要包括钛粉跟其他金属粉末的混合、混合物料的压制成型、预热点燃和燃烧波下的自蔓延烧结成型。

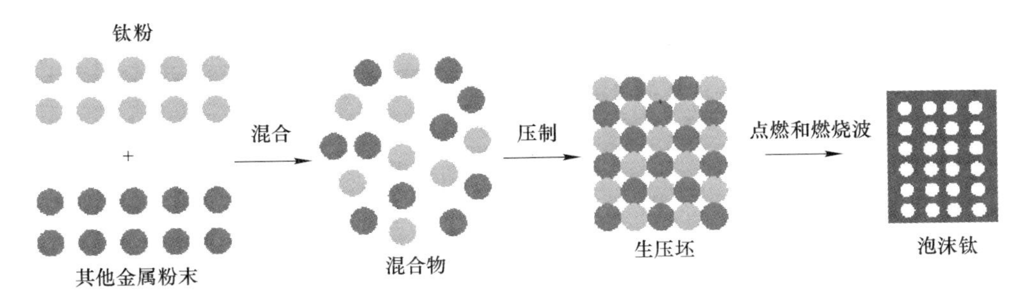

图 1-20 自蔓延高温合成法制备泡沫钛的过程示意图

邢树忠等人[78]应用 SHS 法来制备孔洞分布均匀，孔隙率高又有一定强度的泡沫钛材料。结果表明，预热温度是影响多孔体的最重要的因素。当预热温度为 400℃时，多孔体的孔隙率达最大值 70%，压缩强度为 100MPa，形状恢复率达 92%。陈存敬等人[79]研究了合成条件参数与样品表面形貌和孔隙状态之间的关系。吴玉博等人[80]的研究表明采用 SHS 法制备的泡沫钛材料的结构和力学性能与人体骨、关节具有很好的力学性能相容性。Barrabes 等人[81]研究了 SHS 泡沫 TiNi 多孔支架材料的力学性能。图 1-21 所示为所制备的泡沫 TiNi 多孔材料的扫描电镜图片。结果表明，材料能够为骨长入提供结构支撑。李永华等人[82]的研究表明，非稳态燃烧模式合成的多孔合金呈现出不均匀的层状孔隙结构特点，而稳态燃烧模式合成的合金具有三维连通的网状孔隙结构。其孔隙分布均匀，孔隙率为 60.2%，平均孔隙尺寸为 420μm。蔡从中等人[83]的研究表明，基于粒子群算法寻优的支持向量回归方法（即 SVR 法）是一种预测 SHS 泡沫 NiTi 合金材料孔隙率的有效方法，可为 SHS 合成具有多孔结构的泡沫 NiTi 合金材料提供理论指导。

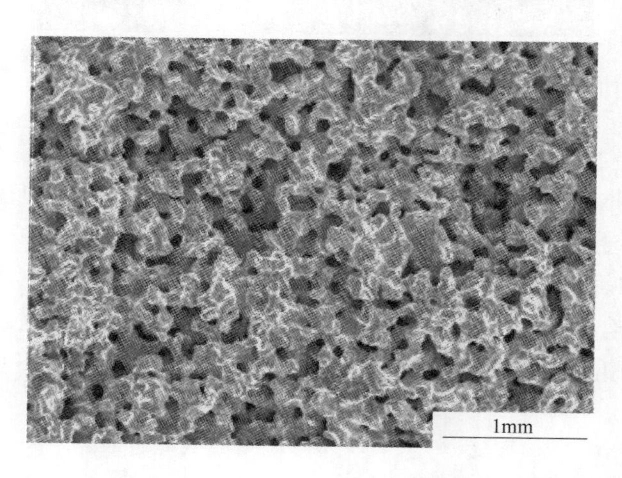

图 1-21　SHS 法制备的泡沫 NiTi 多孔材料的扫描电镜图片[81]

1.4　本章小结

经过近 10 年的快速发展，泡沫钛领域涌现出了一大批新型的制备方法。这些制备方法可以分成两类：一类是基于粉末冶金，另一类是基于非粉末冶金即物理或化学合成。基于粉末冶金的主要包括浆料发泡法、凝胶注模法、冷冻铸造法和 3D 打印技术。基于物理或化学合成的主要包括纤维烧结法、脱合金法和自蔓延高温合成法。其中，3D 打印技术得到了最多的研究，因为它能够随意构建出所需的孔结构。其余方法如浆料发泡法、凝胶注模法、冷冻铸造法、纤维烧结法、脱合金法和自蔓延高温合成法得到的研究较少且缺乏优势，将逐渐被淘汰。所以，3D 打印技术与另一个早已实现广泛应用的造孔剂法将会得到越来越多的重视。在未来，造孔剂法将会得到越来越多的重视。

参 考 文 献

[1] Ashby M F, Evans A G, Fleck N A, et al. Metal Foams: A Design Guide [M]. Amsterdam: Elsevier, 2000.

[2] Gibson L J, Ashby M F. Cellular Solids: Structure and Properties [M]. Cambridge: Cambridge University Press, 1999.

[3] Singh R, Lee P D, Dashwood R J, et al. Titanium foams for biomedical applications: a review [J]. Materials Technology, 2010, 25: 127~136.

[4] Bansiddhi A, Sargeant T, Stupp S, et al. Porous NiTi for bone implants: A review [J]. Acta biomaterialia, 2008, 4: 773~782.

[5] Choi H, Kim O-H, Kim M, et al. Next-generation polymer-electrolyte-membrane fuel cells using titanium foam as gas diffusion layer [J]. Acs Applied Materials & Interfaces, 2014, 6: 7665~7671.

[6] Bi Z, Paranthaman M P, Menchhofer P A, et al. Self-organized amorphous TiO_2 nanotube arrays on porous Ti foam for rechargeable lithium and sodium ion batteries [J]. Journal of Power Sources, 2013, 222: 461~466.

[7] 褚岑岑，熊信柏，曾燮榕，等．多孔钛表面负载HA重金属吸附材料的新方法 [J]. 稀有金属材料与工程，2014，43：1487~1491.

[8] Liu P S, Qing H B, Hou H L. Primary investigation on sound absorption performance of highly porous titanium foams [J]. Materials & Design, 2015, 85: 275~281.

[9] Liu P S, Cui G. Characterization of the electromagnetic shielding and compressive behavior of a highly porous titanium foam with spherical pores [J]. Journal of Materials Research, 2015, 30: 3510~3517.

[10] Bram M, Stiller C, Buchkremer H P, et al. High-porosity titanium, stainless steel, and superalloy parts [J]. Advanced Engineering Materials, 2000, 2: 196~199.

[11] Dunand D C. Processing of titanium foams [J]. Advanced Engineering Materials, 2004, 6: 369~376.

[12] 李虎，虞奇峰，张波，等．浆料发泡法制备生物活性多孔钛及其性能 [J]. 稀有金属材料与工程，2006，35：154~157.

[13] Chen Y J, Feng B, Zhu Y P, et al. Fabrication of porous titanium implants with biomechanical compatibility [J]. Materials Letters, 2009, 63: 2659~2661.

[14] Chen Y J, Feng B, Zhu Y, et al. Preparation and characterization of a novel porous titanium scaffold with 3D hierarchical porous structures [J]. Journal of Materials Science-Mate-

rials in Medicine, 2011, 22: 839 ~ 844.

[15] Zhao C Y, Zhu X D, Yuan T, et al. Fabrication of biomimetic apatite coating on porous titanium and their osteointegration in femurs of dogs [J]. Materials Science & Engineering C-Materials for Biological Applications, 2010, 30: 98 ~ 104.

[16] 朱亚平，陈跃军，冯波，等. 稀土 CeO_2 增强型多孔钛的制备与性能 [J]. 稀有金属材料与工程，2011，40：511 ~ 514.

[17] Kato K, Yamamoto A, Ochiai S, et al. Cell proliferation, corrosion resistance and mechanical properties of novel titanium foam with sheet shape [J]. Materials Transactions, 2012, 53: 724 ~ 732.

[18] Yamada K, Ito M, Akazawa T, et al. A preclinical large animal study on a novel intervertebral fusion cage covered with high porosity titanium sheets with a triple pore structure used for spinal fusion [J]. European Spine Journal, 2015, 24: 2530 ~ 2537.

[19] Li Y, Guo Z, Hao J, et al. Porosity and mechanical properties of porous titanium fabricated by gelcasting [J]. Rare Metals, 2008, 27: 282 ~ 286.

[20] Li Y, Guo Z M, Hao J J, et al. Gelcasting of porous titanium implants [J]. Powder Metallurgy, 2008, 51: 231 ~ 236.

[21] 李艳，郭志猛，郝俊杰. 医用多孔钛植入材料凝胶注模成形工艺研究 [J]. 粉末冶金工业，2008，18：10 ~ 13.

[22] Yang D, Shao H, Guo Z, et al. Preparation and properties of biomedical porous titanium alloys by gelcasting [J]. Biomedical Materials, 2011, 6: 1 ~ 8.

[23] 杨栋华，邵慧萍，樊联鹏，等. 凝胶注模成形多孔 Ti-7.5Mo 合金的孔隙及力学性能 [J]. 北京科技大学学报，2011，33：1122 ~ 1126.

[24] 杨栋华，邵慧萍，郭志猛，等. 凝胶注模工艺制备医用多孔 Ti-Co 合金的性能 [J]. 稀有金属材料与工程，2011，40：1822 ~ 1826.

[25] Yang D, Guo Z, Shao H, et al. Mechanical properties of porous Ti-Mo and Ti-Nb alloys for biomedical application by gelcasting [J]. Procedia Engineering, 2012, 36: 160 ~ 167.

[26] Chino Y, Dunand D C. Directionally freeze-cast titanium foam with aligned, elongated pores [J]. Acta Materialia, 2008, 56: 105 ~ 113.

[27] Fife J L, Li J C, Dunand D C, et al. Morphological analysis of pores in directionally freeze-cast titanium foams [J]. Journal of Materials Research, 2009, 24: 117 ~ 124.

[28] Li J C, Dunand D C. Mechanical properties of directionally freeze-cast titanium foams [J]. Acta Materialia, 2011, 59: 146 ~ 158.

[29] Yook S W, Yoon B H, Kim H E, et al. Porous titanium (Ti) scaffolds by freezing TiH_2/camphene slurries [J]. Materials Letters, 2008, 62: 4506 ~ 4508.

[30] Yook S W, Kim H E, Koh Y H. Fabrication of porous titanium scaffolds with high compressive strength using camphene-based freeze casting [J]. Materials Letters, 2009, 63:

1502 ~ 1504.

[31] Yook S W, Jung H D, Park C H, et al. Reverse freeze casting: A new method for fabricating highly porous titanium scaffolds, with aligned large pores [J]. Acta biomaterialia, 2012, 8: 2401 ~ 2410.

[32] Jung H D, Yook S W, Jang T S, et al. Dynamic freeze casting for the production of porous titanium (Ti) scaffolds [J]. Materials Science & Engineering C-Materials for Biological Applications, 2013, 33: 59 ~ 63.

[33] 卢秉恒, 李涤尘. 增材制造(3D打印)技术发展[J]. 机械制造与自动化, 2013, 42: 1 ~ 4.

[34] 潘琰峰, 沈以赴, 顾冬冬, 等. 选择性激光烧结技术的发展现状[J]. 工具技术, 2004, 38: 3 ~ 7.

[35] Shishkovsky I V, Volova L T, Kuznetsov M V, et al. Porous biocompatible implants and tissue scaffolds synthesized by selective laser sintering from Ti and NiTi [J]. Journal of Materials Chemistry, 2008, 18: 1309 ~ 1317.

[36] Shishkovsky I. Stress-strain analysis of porous scaffolds made from titanium alloys synthesized via SLS method [J]. Applied Surface Science, 2009, 255: 9902 ~ 9905.

[37] Liu F H, Lee R T, Lin W H, et al. Selective laser sintering of bio-metal scaffold [J]. First Cirp Conference on Biomanufacturing, 2013, 5: 83 ~ 87.

[38] 丁冉, 吴志宏, 邱贵兴, 等. 选择性激光烧结技术的多孔钛合金支架的骨组织工程学观察[J]. 中华医学杂志, 2014, 94: 1499 ~ 1502.

[39] 曹鑫, 党新安, 杨立军. 多孔钛支架表面羟基磷灰石的仿生生长[J]. 硅酸盐学报, 2015, 43: 823 ~ 828.

[40] 史玉升, 鲁中良, 章文献, 等. 选择性激光熔化快速成形技术与装备[J]. 中国表面工程, 2006, 19: 150 ~ 153.

[41] Mullen L, Stamp R C, Brooks W K, et al. Selective laser melting: A regular unit cell approach for the manufacture of porous, titanium, bone in-growth constructs, suitable for orthopedic applications [J]. Journal of Biomedical Materials Research Part B-Applied Biomaterials, 2009, 89B: 325 ~ 334.

[42] Warnke P H, Douglas T, Wollny P, et al. Rapid prototyping: Porous titanium alloy scaffolds produced by selective laser melting for bone tissue engineering [J]. Tissue Engineering Part C-Methods, 2009, 15: 115 ~ 124.

[43] Wang Y, Shen Y, Wang Z, et al. Development of highly porous titanium scaffolds by selective laser melting [J]. Materials Letters, 2010, 64: 674 ~ 676.

[44] Barbas A, Bonnet A S, Lipinski P, et al. Development and mechanical characterization of porous titanium bone substitutes [J]. Journal of the Mechanical Behavior of Biomedical Materials, 2012, 9: 34 ~ 44.

[45] Habijan T, Haberland C, Meier H, et al. The biocompatibility of dense and porous Nickel-Titanium produced by selective laser melting [J]. Materials Science & Engineering C-Materials for Biological Applications, 2013, 33: 419 ~ 426.

[46] Lipinski P, Barbas A, Bonnet A S. Fatigue behavior of thin-walled grade 2 titanium samples processed by selective laser melting. Application to life prediction of porous titanium implants [J]. Journal of the Mechanical Behavior of Biomedical Materials, 2013, 28: 274 ~ 290.

[47] Van der Stok J, Van der Jagt O P, Yavari S A, et al. Selective laser melting-produced porous titanium scaffolds regenerate bone in critical size cortical bone defects [J]. Journal of Orthopaedic Research, 2013, 31: 792 ~ 799.

[48] Campanelli S L, Contuzzi N, Ludovico A D, et al. Manufacturing and characterization of Ti6Al4V lattice components manufactured by selective laser melting [J]. Materials, 2014, 7: 4803 ~ 4822.

[49] Kim T B, Yue S, Zhang Z, et al. Additive manufactured porous titanium structures: Through-process quantification of pore and strut networks [J]. Journal of Materials Processing Technology, 2014, 214: 2706 ~ 2715.

[50] Yavari S A, Wauthle R, Bottger A J, et al. Crystal structure and nanotopographical features on the surface of heat-treated and anodized porous titanium biomaterials produced using selective laser melting [J]. Applied Surface Science, 2014, 290: 287 ~ 294.

[51] 戚留举，李子夫，张春雨，等．基于选择性激光熔化制备多孔钛结构的设计及分析 [J]．机械，2014，41：70 ~ 74.

[52] Markhoff J, Wieding J, Weissmann V, et al. Influence of different three-dimensional open porous titanium scaffold designs on human osteoblasts behavior in static and dynamic cell investigations [J]. Materials, 2015, 8: 5490 ~ 5507.

[53] Matena J, Petersen S, Gieseke M, et al. SLM produced porous titanium implant improvements for enhanced vascularization and osteoblast seeding [J]. International Journal of Molecular Sciences, 2015, 16: 7478 ~ 7492.

[54] 游嘉，方利华，张青，等．基于 SLM 技术的表面多孔钛金属多根牙种植体的骨结合研究 [J]．中国生物医学工程学报，2015，34：315 ~ 322.

[55] Taniguchi N, Fujibayashi S, Takemoto M, et al. Effect of pore size on bone ingrowth into porous titanium implants fabricated by additive manufacturing: An in vivo experiment [J]. Materials Science & Engineering C-Materials for Biological Applications, 2016, 59: 690 ~ 701.

[56] Xue W, Krishna B V, Bandyopadhyay A, et al. Processing and biocompatibility evaluation of laser processed porous titanium [J]. Acta biomaterialia, 2007, 3: 1007 ~ 1018.

[57] 尚晓峰，刘伟军，王天然，等．激光工程化净成形技术的研究 [J]．工具技术，

2004，38：22～25.

[58] 颜永年，齐海波，林峰，等．三维金属零件的电子束选区熔化成形 [J]．机械工程学报，2007，43：87～92.

[59] 汤慧萍，王建，逯圣路，等．电子束选区熔化成形技术研究进展 [J]．中国材料进展，2015，34：225～235.

[60] Parthasarathy J，Starly B，Raman S，et al. Mechanical evaluation of porous titanium (Ti6Al4V) structures with electron beam melting (EBM) [J]. Journal of the Mechanical Behavior of Biomedical Materials，2010，3：249～259.

[61] 汤慧萍，杨广宇，刘海彦，等．电子束选区熔化制备医用多孔钛合金研究 [J]．稀有金属材料与工程，2014，43：127～131.

[62] Li J P，Habibovic P，van den Doel M，et al. Bone ingrowth in porous titanium implants produced by 3D fiber deposition [J]. Biomaterials，2007，28：2810～2820.

[63] 邹鹑鸣，张二林，曾松岩．纤维烧结多孔钛及其表面生长仿生 Ca-P 涂层 [J]．稀有金属材料与工程，2007，36：1394～1397.

[64] Zou C，Zhang E，Li M，et al. Preparation，microstructure and mechanical properties of porous titanium sintered by Ti fibres [J]. Journal of Materials Science-Materials in Medicine，2008，19：401～405.

[65] Zou C，Liu Y，Yang X. Effect of sintering neck on compressive mechanical properties of porous titanium [J]. Transactions of Nonferrous Metals Society of China，2012，485～490.

[66] He G，Liu P，Tan Q. Porous titanium materials with entangled wire structure for load-bearing biomedical applications [J]. Journal of the Mechanical Behavior of Biomedical Materials，2012，5：16～31.

[67] Jiang G，He G. Enhancement of the porous titanium with entangled wire structure for load-bearing biomedical applications [J]. Materials & design，2014，56：241～244.

[68] Li F，Li J，Kou H，et al. Anisotropic porous titanium with superior mechanical compatibility in the range of physiological strain rate for trabecular bone implant applications [J]. Materials Letters，2014，137：424～427.

[69] Liu S F，Xi Z P，Tang H P，et al. Sintering Behavior of Porous Titanium Fiber Materials [J]. Journal of Iron and Steel Research International，2014，21：849～854.

[70] 徐广胜，寇宏超，刘向宏，等．立方孔拓扑结构对多孔钛力学性能的影响 [J]．稀有金属材料与工程，2014，43：2778～2781.

[71] 徐广胜，寇宏超，刘向宏，等．不同介质溶液对多孔钛微观结构和力学性能的影响 [J]．稀有金属材料与工程，2014，43：377～381.

[72] 谢文杰，江国锋，徐昌盛．高径比对缠绕型多孔钛力学行为的影响 [J]．有色金属工程，2015，5：16～19，53.

[73] 阚义德，刘文今，钟敏霖，等．脱合金法制备纳米多孔金属的研究进展［J］．金属热处理，2008，33：43～46.

[74] 李亚宁，汤慧萍，王建永，等．脱合金法制备纳米多孔镍材料研究进展［J］．中国材料进展，2011，30：49～53.

[75] 李亚宁，李广忠，张文彦，等．脱合金法制备纳米多孔泡沫钛合金［J］．稀有金属材料与工程，2013，42：2197～2200.

[76] 严新炎，孙国雄，张树格．材料合成新技术——自蔓延高温合成［J］．材料导报，1994，11～17.

[77] 朱亮，张树玲，王芳，等．自蔓延高温合成反应在制备多孔材料中的应用［J］．新技术新工艺，2012，66～70.

[78] 邢树忠，王世栋，杨晓曦，等．自蔓延高温合成镍钛形状记忆合金的生物医学基础研究——第一部分：多孔体的研制［J］．上海生物医学工程，1999，20：3～5.

[79] 陈存敬，郭志猛，贾成厂，等．自蔓延高温合成 TiNi 多孔体合金［J］．粉末冶金技术，2003，21：135～139.

[80] 吴玉博，郝俊杰，郭志猛．自蔓延高温合成钴-钛系多孔合金［J］．稀有金属快报，2007，26：25～28.

[81] Barrabes A，Sevilla P，Planell J A，et al. Mechanical properties of nickel-titanium foams for reconstructive orthopaedics［J］．Materials Science & Engineering C-Biomimetic and Supramolecular Systems，2008，28：23～27.

[82] 李永华，檀雯，张宁，等．自蔓延高温合成多孔 Ti50Ni49Mo1 形状记忆合金［J］．金属功能材料，2008，15：1～3.

[83] 蔡从中，温玉锋，裴军芳，等．自蔓延高温合成多孔 NiTi 合金孔隙的 SVR 预测［J］．稀有金属材料与工程，2010，39：1719～1722.

2 大孔径高孔隙率烧结泡沫钛的造孔剂研究述评

2.1 概述

泡沫钛术语的出现源于泡沫铝[1]，但两者的制造工艺有所不同。商业化泡沫铝主要是通过熔体发泡法，而泡沫钛是通过粉末冶金发泡法。尽管还没有实现商业化应用，但泡沫钛有着众多的制备方法[2,3]。在这些方法当中，造孔剂法不仅成本低、操作简单，而且可通过改变造孔剂的参数（如含量、粒径和形状等）来调整最终材料的孔隙结构，进而调控性能。相比较于传统粉末冶金松装烧结多孔钛，造孔剂法泡沫钛具有更大的孔径和更高的孔隙率（大孔径一般指孔径范围能达到毫米级，高孔隙率一般指孔隙率超过50%），从而表现出独特的性能，进一步拓宽了多孔钛的应用领域[4]。因此，造孔剂法成为了当前制备泡沫钛的常用方法。

造孔剂法不仅是常用方法，也是最早制备泡沫钛的方法。据文献报道，德国科学家在2000年首次在实验室采用造孔剂法制备出了高孔隙率钛材料[5]。后来，为了区分已有粉末冶金松装烧结制备的微孔低孔隙多孔钛，人们把它称之为泡沫钛。实际上，造孔剂法也是在松装烧结基础上发展而来的，其制备过程的示意图如图2-1所示。它是在钛粉中添加一种造孔物质，在高温烧结钛粉之前通过加热或溶解的方式将造孔物质从粉末中溢出来创造

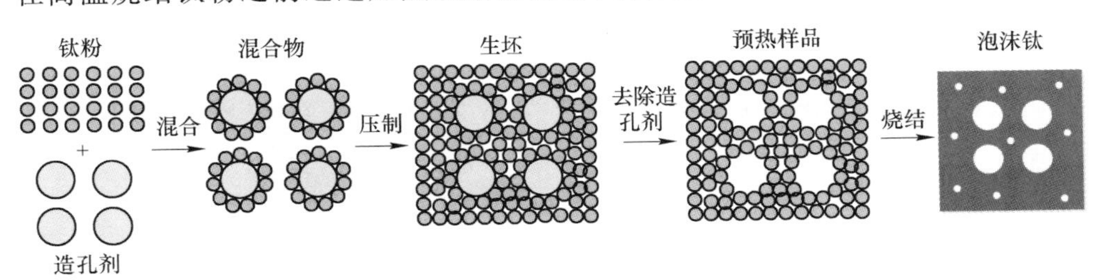

图2-1 造孔剂法制备泡沫钛的过程示意图

孔洞。由此可见，造孔剂在制备泡沫钛的过程当中扮演着一个关键角色。所以，学者们对造孔剂进行了大量的研究。有的寻找新的造孔剂，有的思考如何脱除造孔剂，还有的考察造孔剂的参数对泡沫钛结构和性能的影响等。尽管文献众多，但比较零散，尚缺乏一个系统总结。

泡沫钛融合了泡沫材料和钛合金的双重属性，具有轻质、高比表面积、高比强度和刚度、优异的耐腐蚀性和良好的生物相容性等特性，在航空航天、生物医学、汽车、化工催化和环保等领域有着广阔的应用前景[6,7]。相比较于多孔钛，泡沫钛面世时间较晚。尽管全球范围内专利申请数量不多(数据来自中国专利数据库、世界专利数据库和欧洲专利数据库)，但近年来已呈现出上升态势，如图 2-2 所示。本书将在研究基础之上对用于制备泡沫钛的造孔剂进行述评。通过比较各类造孔剂优缺点来提出其发展趋势，以期为本领域学者们在选择造孔剂时提供有价值的参考。

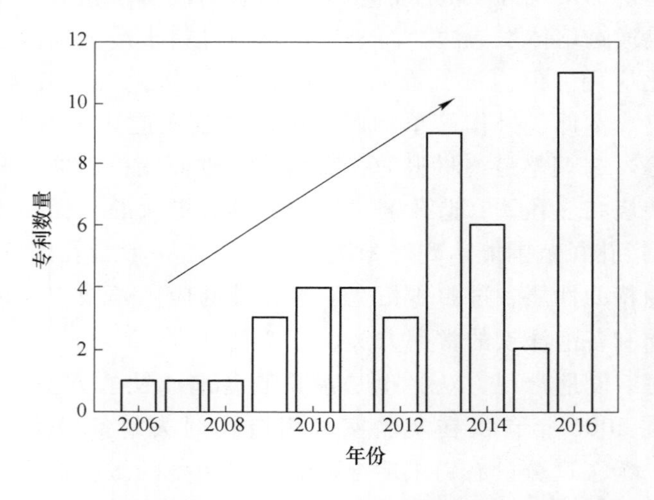

图 2-2　自 2000 年以来全球关于泡沫钛的专利申请数

2.2　造孔剂的种类和分类

迄今为止，可用于制备泡沫钛的造孔剂达到了 17 种之多。依据出现的先后顺序，它们分别是尿素（2000 年[5]）、碳酸氢铵（2000 年[5]）、氟化钠(2007 年[8])、镁（2007 年[9]）、氯化钠（2008 年[10]）、聚碳酸亚丙酯(2008 年[11])、钢（2008 年[12]）、樟脑丸（2009 年[13]）、聚甲醛（2010 年[14]）、氢化钛（2010 年[15]）、有机玻璃（2011 年[16]）、淀粉（2012

年[17]）、糊精（2013 年[18]）、蔗糖（2013 年[19]）、阿克蜡（2014 年[20]）、氯化钾（2014 年[21]）和溴化钾（2014 年[22]）。

图 2-3 显示的是文献中部分造孔剂的扫描电镜微观形貌图。尿素除了球状，还有针状和角状，碳酸氢铵呈不规则状，氯化钠有球状和立方体两种形状，镁除了球状还有不规则状，氯化钾呈立方体状，聚碳酸亚丙酯呈柱状，

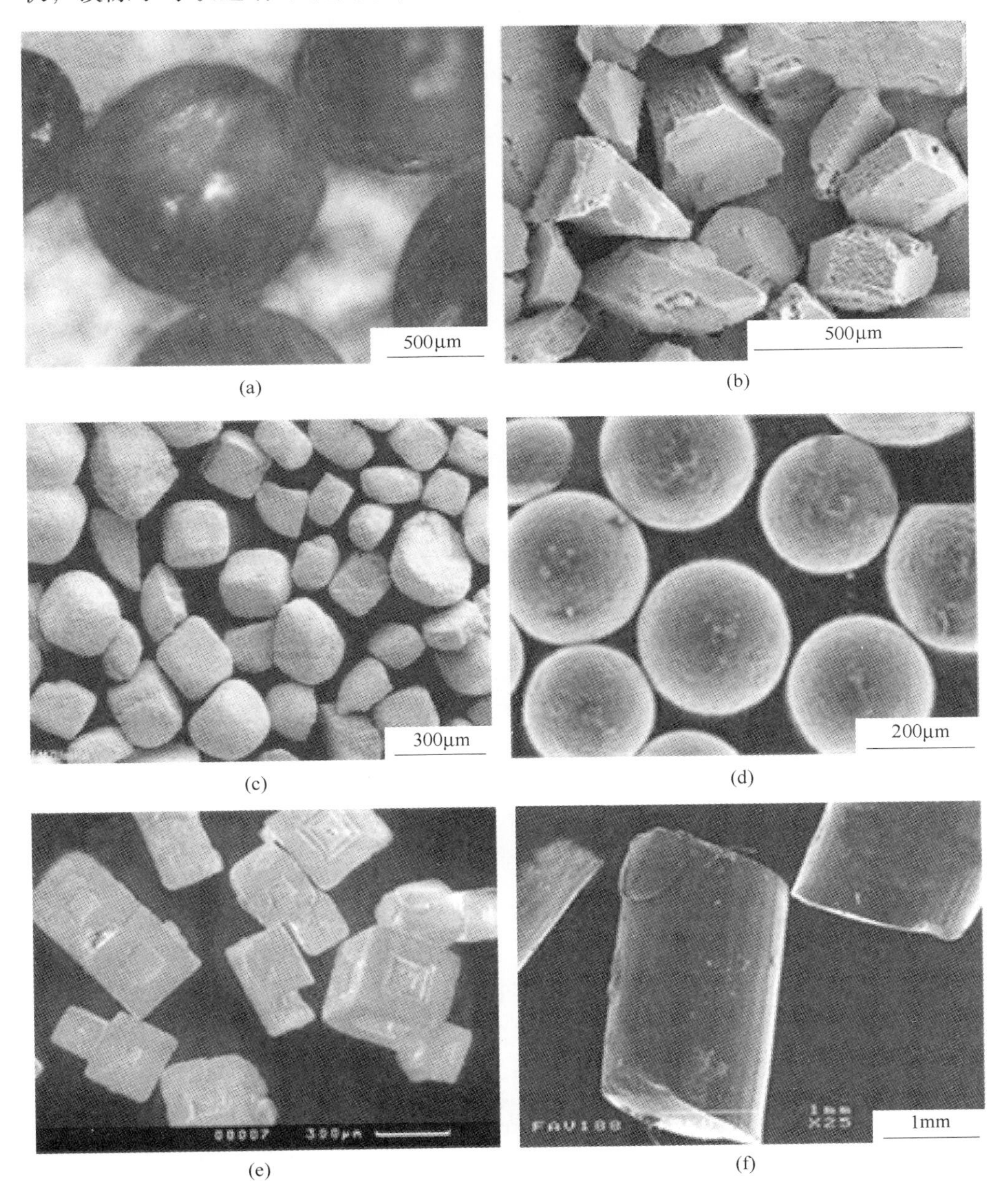

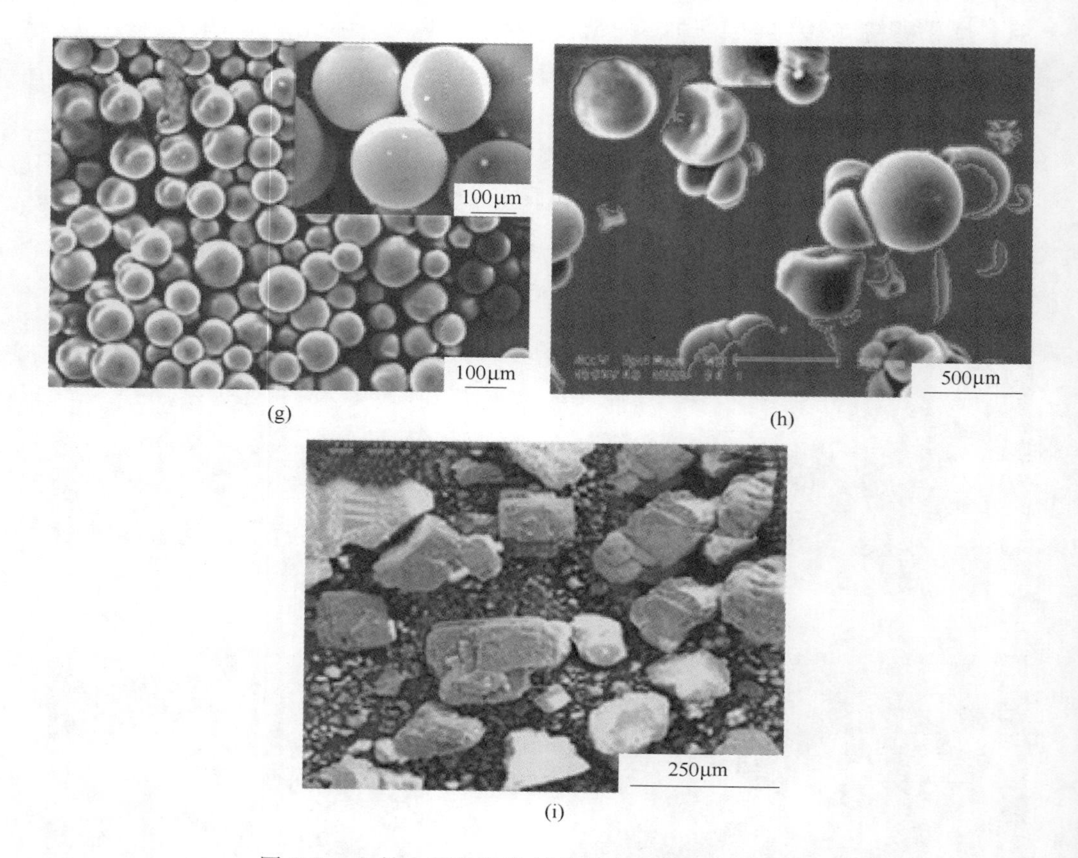

(g) (h) (i)

图 2-3 文献中部分造孔剂的扫描电镜微观形貌图

(a) 尿素[23]；(b) 碳酸氢铵[24]；(c) 氯化钠[25]；(d) 镁[26]；(e) 氯化钾[27]；(f) 聚碳酸亚丙酯[11]；(g) 有机玻璃[28]；(h) 淀粉[17]；(i) 氟化钠[8]

有机玻璃和淀粉呈球状，氟化钠呈不规则状。在没有罗列出来的造孔剂当中，钢呈丝状，樟脑丸呈椭球状，聚甲醛呈球状，氢化钛呈不规则状，糊精呈不规则状，蔗糖呈立方体状，溴化钾呈长方体状。可见，造孔剂不仅种类繁多，形状也各异，为制备出不同孔形的泡沫钛提供了更多的可能。

造孔剂不仅种类繁多，形状各异，它们的性质也有所差异，但有些造孔剂却性质相近。因此，依据造孔剂的属性，可以将它们进行分类，如图 2-4 所示。首先分成三大类：有机、无机和金属。有机类造孔剂进一步分成有机化合物、酯类化合物和糖类化合物三个小类。每一个小类包含着性质相近的造孔剂。例如，有机化合物造孔剂包括尿素和樟脑丸，脂类化合物造孔剂包括聚碳酸亚丙酯、聚甲醛、有机玻璃和阿克蜡，糖类化合物造孔剂包括淀粉、蔗糖和糊精。无机类造孔剂包括碳酸氢铵和卤化物。无机类造孔剂进一步分成碳酸氢铵和卤化物。卤化物造孔剂包括性质相近的氯化钠、氟化钠、氯化钾和溴化钾。金属类造孔剂主要包括钢、镁和氢化钛。将氢化钛归类到金属类造孔剂是因为它是类似于金属的粉末。

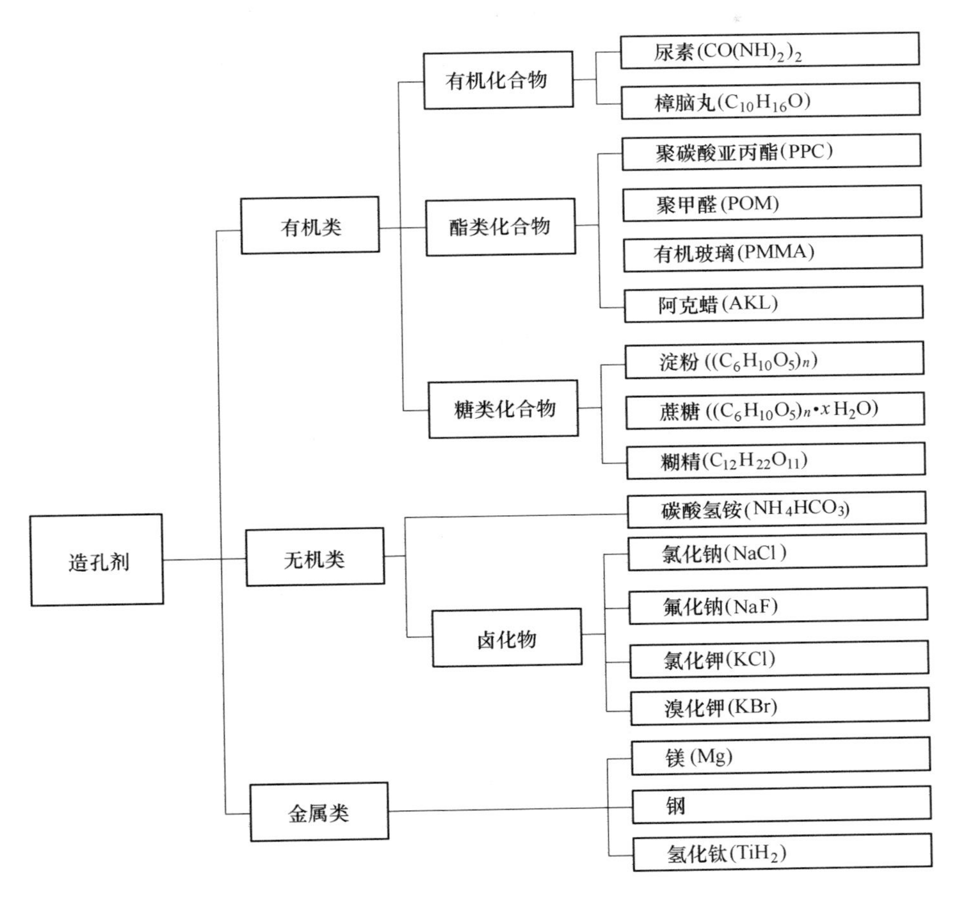

图 2-4　造孔剂的分类

2.3　常用造孔剂

虽然种类繁多，但并不是每种造孔剂都能得到大量使用。图 2-5 所示为每种造孔剂相关文献占总文献百分比。这些文献发表于 2000～2016 年。从文献报道来看，绝大部分出现的次数都不超过 5 次。甚至，相当一部分造孔剂只出现过一次。它们是樟脑丸、聚碳酸亚丙酯、聚甲醛、糊精、蔗糖、氟化钠、溴化钾、钢和氢化钛。有些造孔剂出现过 2 次，它们是有机玻璃[28]、阿克蜡[29]和淀粉[23]。而氯化钾[27,30]和镁[26,31,32]分别出现过 3 和 4 次。这些造孔剂被人们所放弃是有原因的。有些造孔剂对人体有害，如樟脑丸、氟化钠和溴化钾。有些造孔剂与钛粉不容易混合均匀，如聚碳酸亚丙酯、聚甲醛和有机玻璃。它们表面光滑，具有很强的耐蚀性。有些造孔剂是人类的饮食来源，如淀粉、蔗糖和糊精。有些造孔剂不易脱除，如钢丝和镁。有些造孔剂是粉末状颗粒，如阿克蜡和氢化钛。

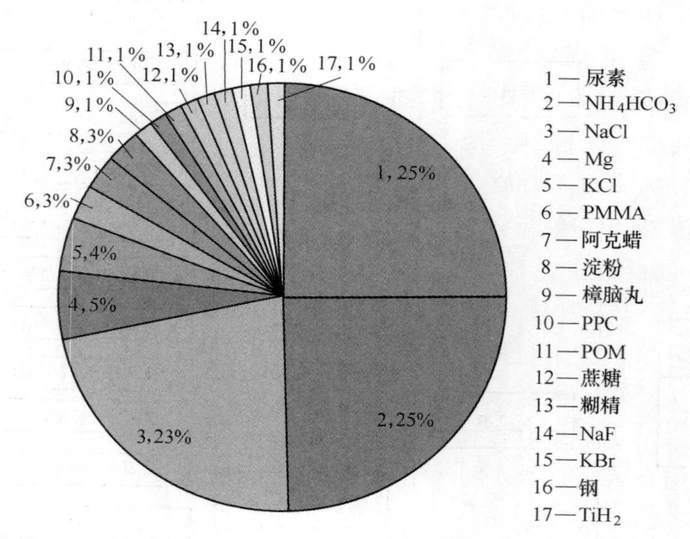

图 2-5　基于统计结果的每种造孔剂相关文献占总文献的百分比

只有尿素[23,33~49]、碳酸氢铵[24,50~67]和氯化钠[10,21,23,25,68~80]这三种造孔剂被大量使用。它们的报道次数分别是 19 次、19 次和 17 次。这三种造孔剂所涉及的文献数量占总文献数量的百分比接近 75%。这表明，尿素、碳酸氢铵和氯化钠是用于制备泡沫钛的常见造孔剂。下面将详细介绍这三种造孔剂的相关特性。

2.3.1　尿素

尿素英文名是 carbamide，其分子式是 $CO(NH_2)_2$。有时，尿素又称碳酸铵或脲。它是由碳、氮、氧和氢组成的有机化合物。尿素易溶于水，其熔点为 131 ~ 135℃。尿素之所以被用作造孔剂是因为它能在低温下完全热解挥发成气体且不污染钛粉。根据尿素的 TG-DSC 曲线，它在 420℃ 的失重率达到了 100%[81]。也就是说，加热到这个温度尿素完全挥发成气体而逸出，而这个温度远低于钛的失稳氧化温度（约600℃）。由于易溶于水，有部分学者采用水解法脱除尿素[36,37,39,41]。但是，水解法极易导致压坯坍塌。所以，大部分学者采用的是加热法脱除尿素。脱除过程的加热制度有分段式，也有保温式。根据Hosseini等人[42]的研究，400℃下保温1h可完全脱除尿素。这是所有文献中最快的尿素脱除时间。但是，这一结果是在制备低孔隙率泡沫钛的条件下获得的。对于高孔隙率泡沫钛，越短的脱除时间意味着越快的升温速率。根据经验，升温速率过快，容易导致尿素挥发产生的气体由于来不及逸出而导致压坯坍塌。所以，Hosseini等人提出根据尿素的TG-DSC曲线来分段式加热，尽管脱除时间延长了1h，但这更有利于制备出高孔隙率泡沫钛[81]。因此，要制备更高孔隙率需要谨慎对待升温速率。

前文提到过，尿素的形状除了球状，还有针状和角状。不同的形状，尿素颗粒的粒径大小也不一样。一般而言，球状大于角状，角状大于针状。球状尿素通常是毫米级，针状多是微米级，而角状介于两者之间。例如，在Bram等人[5]的研究中，球状尿素的粒径为0.8～2.4mm，而针状尿素的粒径为0.1～0.9mm。造孔剂体积分数相同的情况下，其粒径越大，泡沫钛的孔径越大，越容易形成闭孔结构。在Smorygo等人[41]的研究中，球状尿素造孔剂制备的泡沫钛孔隙率即使高达85%依然呈闭孔结构。反之，越容易形成开孔结构，本书第4章研究将证实这一点。在造孔剂体积分数都是70%的情况下，所制备泡沫钛的孔径随着造孔剂粒径的减小而减小，孔的连通程度随之增大，如图2-6所示。

(a)

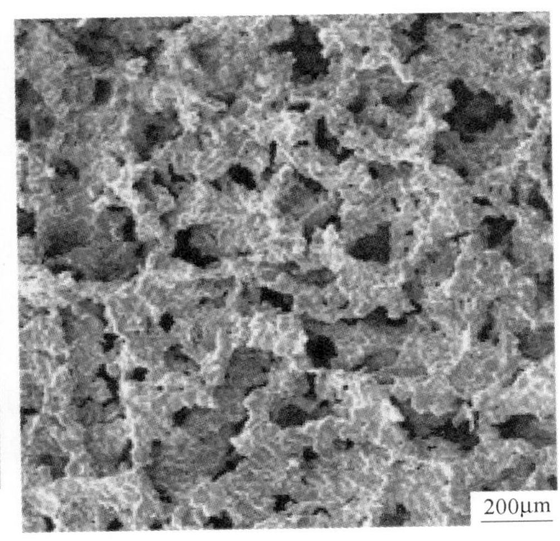

(b)

(c)

图 2-6　不同粒径尿素制备泡沫钛的微观结构形貌图[49]
（a）孔隙率 62.8%，孔径 398μm；（b）孔隙率 60.5%，孔径 116μm；
（c）孔隙率 58%，孔径 75μm

2.3.2　碳酸氢铵

碳酸氢铵英文名为 ammonium bicarbonate，其分子式是 NH_4HCO_3。它是一种碳酸盐，热稳定性差，60℃可完全分解为氨、二氧化碳和水。在常温常压下，液氨汽化温度大约是 132.4℃。Laptev 等人[50]发现在 150℃下就完全脱除了碳酸氢铵，尽管之前的研究是 200℃。碳酸氢铵能溶于水，但存在双水解，这不利于碳酸氢铵的脱除。所以，文献报道都采用加热法来脱除碳酸氢铵。虽然完全挥发温度低于尿素，但碳酸氢铵的脱除时间多则 21h[56]，少则 10h[24]，最短也需要 5h[65]。

和尿素不同的是，碳酸氢铵的形状只有不规则状，泡沫孔形也呈不规则状，如图 2-7 所示。碳酸氢铵颗粒的粒径一般是微米级。在 Munoz 等人[66]的研究中，通过筛子筛分得到平均粒径分别是 73μm、233μm 和 497μm。虽然造孔剂的粒径是微米级，但泡沫钛的孔径有可能达到毫米级。因为，在造孔剂体积分数很高的情况下，相邻碳酸氢铵颗粒脱除之后的孔洞联结在一起形成一个体积更大的孔。和尿素一样，碳酸氢铵作为造孔剂也能制备出高孔隙率的开孔泡沫钛。但是，它不利于制备出高孔隙率的闭孔泡沫钛。当然，低孔隙率的闭孔泡沫钛另当别论。

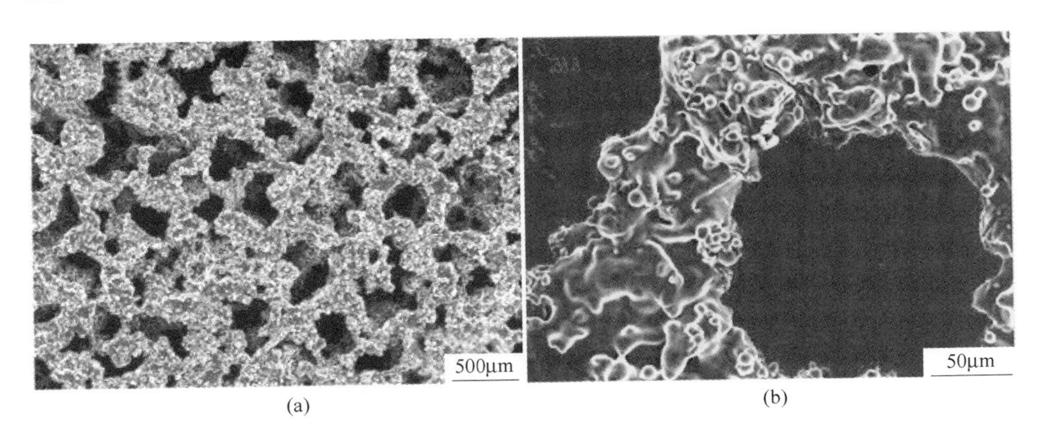

(a) (b)

图 2-7 碳酸氢铵造孔剂制备开孔泡沫钛的微观结构形貌图[67]

2.3.3 氯化钠

氯化钠的英文名是 sodium chloride，其化学式是 NaCl。氯化钠易溶于水，熔点大约是 801℃，汽化温度是 1465℃。由于汽化温度高于钛的烧结温度，因此只能通过水解法来脱除氯化钠。虽然都是水解，但氯化钠的脱除方式有两种。一种是直接将生压坯置于水中，另一种是氯化钠在水解前对生压坯进行预热处理。前一种方式和尿素的水解一样，而后一种则不同。我们把前一种方式称之为常规水解法，后一种方式称之为预热水解法。预热水解法是先将生压坯置于加热炉进行预热，温度低于氯化钠的熔点，一般为 700℃左右。由于温度超过了钛的氧化温度，预处理操作需要在高真空环境下进行，通常是 10^{-3} Pa。在这样一个温度下，氯化钠的存在容易引起钛粉的污染，N. Jha 等人[73]的研究证实了这一点。所以，有学者坚持采用常规水解法脱除氯化钠，最典型的莫过于西班牙 Y. Torres 教授课题组[71,74,80]。虽然脱除时间需要 1~2 天，但能避免钛的氧化。无论是常规还是预热法，氯化钠的脱除过程都需要经过多次的循环浸出。相比较于常规法，预热法可在 2~3h 完全脱除氯化钠[69]。

氯化钠有立方体和球形两种形状。立方体颗粒粒径多为微米级[10]，而球状颗粒粒径多是毫米级[75]。图 2-8 所示为文献中分别采用立方体和球状氯化钠作为造孔剂制备泡沫钛的扫描电镜微观形貌图，泡沫钛的孔形保持了氯化钠颗粒的形状。由于水解法容易导致压坯的坍塌，多数学者制备泡沫钛的孔隙率不超过 70%，但也有学者制备出了最高孔隙率能达到 80% 的开孔泡沫钛[75]。

图 2-8　不同形状氯化钠制备泡沫钛的扫描电镜微观结构形貌图
（a）立方体[69]；（b）球状[73]

2.3.4　比较

综上，尿素、碳酸氢铵和氯化钠是用于制备泡沫钛的主要造孔剂。表 2-1 所示为这 3 种造孔剂的优缺点。相比较于其他造孔剂，它们有着共同的优点：物美价廉、安全环保。相较于氯化钠，尿素和碳酸氢铵更易于脱除。相比较于碳酸氢铵，尿素和氯化钠的粒径范围更广、形状更多样，它们更能满足不同孔结构的需求。相比较于碳酸氢铵和氯化钠，尿素不仅能制备高孔隙率开孔泡沫钛，还能制备高孔隙率闭孔泡沫钛。

表 2-1　用于制备泡沫钛的 3 种主要造孔剂的特性比较

造孔剂	优　点	缺　点
尿素	物美价廉、安全环保、易于脱除、粒径范围广、形状多样、能制备高孔隙率的开孔和闭孔泡沫钛	—
碳酸氢铵	物美价廉、安全环保、易于脱除、能制备高孔隙率的开孔泡沫钛	粒径范围窄、形状单一、不易制备高孔隙率闭孔泡沫钛
氯化钠	物美价廉、安全环保、粒径范围广、形状多样、能制备高孔隙率的开孔泡沫钛	不易脱除、不易制备高孔隙率闭孔泡沫钛

总的来说，相比较于碳酸氢铵和氯化钠，尿素作为造孔剂没有明显的缺点。无论是从价格或者环保或者易于脱除还是孔结构多样化的角度来看，尿素都是这 3 种造孔剂中的最佳选择。

2.4 本章小结

（1）经过 20 多年的发展，实现了造孔剂从无到有，从有到多的过程。造孔剂虽然有多达 17 种之多，但只有尿素、碳酸氢铵和氯化钠的使用最为广泛。相比较于其他造孔剂，这 3 种造孔剂具有物美价廉和安全环保的优点。

（2）经过进一步比较尿素、碳酸氢铵和氯化钠的优缺点，尿素是最佳的选择。它不仅易于脱除，还能满足多样化的孔结构需求。可以预见，尿素在未来大孔径高孔隙率泡沫钛的制备与应用中将发挥出越来越重要的作用。

（3）目前大孔径高孔隙率泡沫钛的研究仍处在实验室阶段，虽然美国、欧洲和日本等发达国家和地区起步较早，但我国作为世界钛产量第一大国具有资源优势。国内相关的科研院所和高校，如金属多孔国家重点实验室、重庆大学、北京师范大学和江西理工大学等单位，也在加强这方面的研究，发展高附加值产品泡沫钛材料对我国钛产业链做大做强具有重要意义。

参 考 文 献

[1] Benjamin S. Process for making foamlike mass of metal: US, 2434775A [P]. 1948.

[2] Dunand D C. Processing of titanium foams [J]. Advanced Engineering Materials, 2004, 6: 369 ~ 376.

[3] 肖健，邱贵宝．泡沫或多孔钛的制备方法研究进展 [J]．稀有金属材料与工程，2017，46：1734 ~ 1748.

[4] Arlos M J, Liang R, Hatat-Fraile M M, et al. Photocatalytic decomposition of selected estrogens and their estrogenic activity by UV-LED irradiated TiO_2 immobilized on porous titanium sheets via thermal-chemical oxidation [J]. Journal of Hazardous Materials, 2016, 318: 541 ~ 550.

[5] Bram M, Stiller C, Buchkremer H P, et al. High-porosity titanium, stainless steel, and superalloy parts [J]. Advanced Engineering Materials, 2000, 2: 196 ~ 199.

[6] Tang H, Wang J. Progress in Research and Development of Porous Titanium Materials [J]. Materials China, 2014, 33 (21): 576 ~ 585, 594.

[7] 张铭君，刘培生．泡沫钛的制备和性能研究进展［J］．金属功能材料，2014，47～56.

[8] Bansiddhi A, Dunand D C. Shape-memory NiTi foams produced by solid-state replication with NaF [J]. Intermetallics, 2007, 15: 1612～1622.

[9] Esen Z, Bor Ş. Processing of titanium foams using magnesium spacer particles [J]. Scripta Materialia, 2007, 56: 341～344.

[10] Bansiddhi A, Dunand D C. Shape-memory NiTi foams produced by replication of NaCl space-holders [J]. Acta biomaterialia, 2008, 4: 1996～2007.

[11] Hong T, Guo Z, Yang R. Fabrication of porous titanium scaffold materials by a fugitive filler method [J]. Journal of Materials Science: Materials in Medicine, 2008, 19: 3489～3495.

[12] Kwok P J, Oppenheimer S M, Dunand D C. Porous titanium by electro - chemical dissolution of steel space - holders [J]. Advanced Engineering Materials, 2008, 10: 820～825.

[13] Chino Y, Dunand D C. Creating aligned, elongated pores in titanium foams by swaging of preforms with ductile space - holder [J]. Advanced Engineering Materials, 2009, 11: 52～55.

[14] Dabrowski B, Swieszkowski W, Godlinski D, et al. Highly porous titanium scaffolds for orthopaedic applications [J]. Journal of Biomedical Materials Research Part B: Applied Biomaterials, 2010, 95: 53～61.

[15] Wang Y, Shen Y, Wang Z, et al. Development of highly porous titanium scaffolds by selective laser melting [J]. Materials Letters, 2010, 64: 674～676.

[16] Engin G, Aydemir B, Gulsoy H O. Injection molding of micro-porous titanium alloy with space holder technique [J]. Rare Metals, 2011, 30: 565～571.

[17] Mansourighasri A, Muhamad N, Sulong A. Processing titanium foams using tapioca starch as a space holder [J]. Journal of Materials Processing Technology, 2012, 212: 83～89.

[18] Gligor I, Soritau O, Todea M, et al. Porous titanium using dextrin as space holder for endosseous implants [J]. Particulate Science and Technology, 2013, 31: 357～365.

[19] Jakubowicz J, Adamek G, Dewidar M. Titanium foam made with saccharose as a space holder [J]. Journal of Porous Materials, 2013, 20: 1～5.

[20] Mondal D P, Patel M, Das S, et al. Titanium foam with coarser cell size and wide range of porosity using different types of evaporative space holders through powder metallurgy route [J]. Materials & design, 2014, 63: 89～99.

[21] Tuncer N, Bram M, Laptev A, et al. Study of metal injection molding of highly porous titanium by physical modeling and direct experiments [J]. Journal of Materials Processing

Technology, 2014, 214: 1352 ~ 1360.

[22] Noor F M, Zain M I M, Jannaludin K R, et al. Potassium bromide as space holder for titanium foam preparation [J]. Applied Mechanics & Material, 2014, 456: 922 ~ 926.

[23] Lee B, Lee T, Lee Y, et al. Space-holder effect on designing pore structure and determining mechanical properties in porous titanium [J]. Materials & Design, 2014, 57: 712 ~ 718.

[24] Torres Y, Rodriguez J A, Arias S, et al. Processing, characterization and biological testing of porous titanium obtained by space-holder technique [J]. Journal of Materials Science, 2012, 47: 6565 ~ 6576.

[25] Zhang F, Otterstein E, Burkel E. Spark plasma sintering, microstructures, and mechanical properties of macroporous titanium foams [J]. Advanced Engineering Materials, 2010, 12: 863 ~ 872.

[26] Aydoğmuş T, Bor Ş. Processing of porous TiNi alloys using magnesium as space holder [J]. Journal of Alloys and Compounds, 2009, 478: 705 ~ 710.

[27] Shbeh M M, Goodall R. Design of water debinding and dissolution stages of metal injection moulded porous Ti foam production [J]. Materials & Design, 2015, 87: 295 ~ 302.

[28] Li B Q, Li Z Q, Lu X. Effect of sintering processing on property of porous Ti using space holder technique [J]. Transactions of Nonferrous Metals Society of China, 2015, 25: 2965 ~ 2973.

[29] Mondal D P, Patel M, Jain H, et al. The effect of the particle shape and strain rate on microstructure and compressive deformation response of pure Ti-foam made using acrowax as space holder [J]. Materials Science and Engineering a-Structural Materials Properties Microstructure and Processing, 2015, 625: 331 ~ 342.

[30] Daudt N F, Bram M, Cysne Barbosa A P, et al. Surface modification of highly porous titanium by plasma treatment [J]. Materials Letters, 2015, 141: 194 ~ 197.

[31] Aydogmus T, Bor E T, Bor S. Phase Transformation behavior of porous TiNi alloys produced by powder metallurgy using magnesium as a space holder [J]. Metallurgical and Materials Transactions a-Physical Metallurgy and Materials Science, 2011, 42A: 2547 ~ 2555.

[32] Kim S W, Jung H D, Kang M H, et al. Fabrication of porous titanium scaffold with controlled porous structure and net-shape using magnesium as spacer [J]. Materials Science and Engineering: C, 2013, 33: 2808 ~ 2815.

[33] Bram M, Kempmann C, Laptev A, et al. Investigations on the machining of sintered titanium foams utilizing face milling and peripheral grinding [J]. Advanced Engineering Materials, 2003, 5: 441 ~ 447.

[34] Dewidar M, Mohamed H F, Lim J K. A new approach for manufacturing a high porosity Ti-

6Al-4V scaffolds for biomedical applications [J]. Journal of Materials Science & Technology, 2008, 24: 931 ~ 935.

[35] Niu W, Bai C, Qiu G, et al. Processing and properties of porous titanium using space holder technique [J]. Materials Science and Engineering a-Structural Materials Properties Microstructure and Processing, 2009, 506: 148 ~ 151.

[36] Tuncer N, Arslan G. Designing compressive properties of titanium foams [J]. Journal of Materials Science, 2009, 44: 1477 ~ 1484.

[37] Tuncer N, Arslan G, Maire E, et al. Influence of cell aspect ratio on architecture and compressive strength of titanium foams [J]. Materials Science and Engineering a-Structural Materials Properties Microstructure and Processing, 2011, 528: 7368 ~ 7374.

[38] Sharma M, Gupta G K, Modi O P, et al. Titanium foam through powder metallurgy route using acicular urea particles as space holder [J]. Materials Letters, 2011, 65: 3199 ~ 3201.

[39] Tuncer N, Arslan G, Maire E, et al. Investigation of spacer size effect on architecture and mechanical properties of porous titanium [J]. Materials Science and Engineering A, 2011, 530: 633 ~ 642.

[40] Sharma M, Gupta G, Modi O, et al. PM processed titanium foam: influence of morphology and content of space holder on microstructure and mechanical properties [J]. Powder Metallurgy, 2012, 56: 55 ~ 60.

[41] Smorygo O, Marukovich A, Mikutski V, et al. High-porosity titanium foams by powder coated space holder compaction method [J]. Materials Letters, 2012, 83: 17 ~ 19.

[42] Hosseini S A, Yazdani-Rad R, Kazemzadeh A, et al. A comparative study on the mechanical behavior of porous titanium and NiTi produced by a space holder technique [J]. Journal of Materials Engineering and Performance, 2014, 23: 799 ~ 808.

[43] Xiao J, Cui H, Qiu G B, et al. Investigation on relationship between porosity and spacer content of titanium foams [J]. Materials & Design, 2015, 88: 132 ~ 137.

[44] Xiao J, Yang Y, Qiu G B, et al. Volume change of macropores of titanium foams during sintering [J]. Transactions of Nonferrous Metals Society of China, 2015, 25: 3834 ~ 3839.

[45] Arifvianto B, Leeflang M A, Zhou J. Characterization of the porous structures of the green body and sintered biomedical titanium scaffolds with micro-computed tomography [J]. Materials Characterization, 2016, 121: 48 ~ 60.

[46] Arifvianto B, Leeflang M A, Zhou J. Diametral compression behavior of biomedical titanium scaffolds with open, interconnected pores prepared with the space holder method [J]. Journal of the Mechanical Behavior of Biomedical Materials, 2017, 68: 144 ~ 154.

[47] 肖健，崔豪，邱贵宝．泡沫钛力学性能重复性初探 [J]. 功能材料，2015，46: 22015 ~ 22021.

[48] 肖健，邱贵宝，廖益龙，等. 尿素作为造孔剂制备泡沫钛的结构和力学性能 [J]. 稀有金属材料与工程，2015，44：1724 ~ 1729.

[49] 肖健，邱贵宝，廖益龙，等. 造孔剂大小对泡沫钛孔隙结构的影响 [J]. 稀有金属材料与工程，2015，44：2583 ~ 2588.

[50] Laptev A, Bram M, Buchkremer H, et al. Study of production route for titanium parts combining very high porosity and complex shape [J]. Powder Metallurgy, 2004, 47: 85 ~ 92.

[51] Laptev A, Vyal O, Bram M, et al. Green strength of powder compacts provided for production of highly porous titanium parts [J]. Powder Metallurgy, 2005, 48: 358 ~ 364.

[52] Imwinkelried T. Mechanical properties of open - pore titanium foam [J]. Journal of Biomedical Materials Research Part A, 2007, 81: 964 ~ 970.

[53] Liu X, Ma M, Wang X, et al. Temperature-dependence of mechanical properties of open-cell titanium foam [J]. Rare Metal Materials and Engineering, 2008, 37: 277 ~ 280.

[54] Lin J G, Li Y C, Wong C S, et al. Degradation of the strength of porous titanium after alkali and heat treatment [J]. Journal of Alloys and Compounds, 2009, 485: 316 ~ 319.

[55] Singh R, Lee P D, Lindley T C, et al. Characterization of the structure and permeability of titanium foams for spinal fusion devices [J]. Acta Biomaterialia, 2009, 5: 477 ~ 487.

[56] Amigo V, Reig L, Busquets D J, et al. Analysis of bending strength of porous titanium processed by space holder method [J]. Powder Metallurgy, 2011, 54: 67 ~ 70.

[57] Fan X, Feng B, Weng J, et al. Processing and properties of porous titanium with high porosity coated by bioactive titania nanotubes [J]. Materials Letters, 2011, 65: 2899 ~ 2901.

[58] Kashef S, Asgari A, Hilditch T B, et al. Fatigue crack growth behavior of titanium foams for medical applications [J]. Materials Science and Engineering a-Structural Materials Properties Microstructure and Processing, 2011, 528: 1602 ~ 1607.

[59] Li Y, Fan T, Zhang N. Powder sintering of porous Ti compact from TiH_2 powder and pore forming agent NH_4HCO_3 [J]. Rare Metal Materials & Engineering, 2011, 40: 84 ~ 86.

[60] Fan X, Feng B, Di Y, et al. Preparation of bioactive TiO film on porous titanium by micro-arc oxidation [J]. Applied Surface Science, 2012, 258: 7584 ~ 7588.

[61] Wang L, Liu P, Wang L, et al. Preparation conditions and porosity of porous titanium sintered under positive pressure [J]. Materials and Manufacturing Processes, 2013, 28: 1166 ~ 1170.

[62] Di Y, Bo F, Fan X, et al. Gradient structural porous titanium enhanced by LaF_3 and its mechanical properties [J]. Rare Metal Materials & Engineering, 2013, 42: 814 ~ 818.

[63] Fan X. Preparation of porous titanium with high porosity and surface modification by micro-arc oxidation [J]. Jinshu Rechuli/Heat Treatment of Metals, 2014, 39: 50 ~ 53.

[64] Wen C E, Yamada Y, Shimojima K, et al. Novel titanium foam for bone tissue engineering [J]. Journal of Materials Research, 2002, 17: 2633 ~ 2639.

[65] Wen C E, Yamada Y, Shimojima K, et al. Processing and mechanical properties of autogenous titanium implant materials [J]. Journal of Materials Science: Materials in Medicine, 2002, 13: 397 ~ 401.

[66] Munoz S, Pavon J, Rodriguez-Ortiz J A, et al. On the influence of space holder in the development of porous titanium implants: Mechanical, computational and biological evaluation [J]. Materials Characterization, 2015, 108: 68 ~ 78.

[67] Yue X Z, Fukazawa H, Kitazono K. Strain rate sensitivity of open-cell titanium foam at elevated temperature [J]. Materials Science and Engineering a-Structural Materials Properties Microstructure and Processing, 2016, 673: 83 ~ 89.

[68] Chen L J, Li T, Li Y M, et al. Porous titanium implants fabricated by metal injection molding [J]. Transactions of Nonferrous Metals Society of China, 2009, 19: 1174 ~ 1179.

[69] Ye B, Dunand D C. Titanium foams produced by solid-state replication of NaCl powders [J]. Materials Science and Engineering A, 2010, 528: 691 ~ 697.

[70] Li T, Li Y, Chen L, et al. Fabrication of bioactive porous titanium by metal injection molding and its properties [J]. Rare Metal Materials and Engineering, 2011, 40: 335 ~ 338.

[71] Torres Y, Pavon J J, Rodriguez J A. Processing and characterization of porous titanium for implants by using NaCl as space holder [J]. Journal of Materials Processing Technology, 2012, 212: 1061 ~ 1069.

[72] Wang X H, Li J S, Hu R, et al. Mechanical properties of porous titanium with different distributions of pore size [J]. Transactions of Nonferrous Metals Society of China, 2013, 23: 2317 ~ 2322.

[73] Jha N, Mondal D P, Majumdar J D, et al. Highly porous open cell Ti-foam using NaCl as temporary space holder through powder metallurgy route [J]. Materials & Design, 2013, 47: 810 ~ 819.

[74] Torres Y, Lascano S, Bris J, et al. Development of porous titanium for biomedical applications: A comparison between loose sintering and space-holder techniques [J]. Materials Science & Engineering C, 2014, 37: 148 ~ 155.

[75] Jia J, Siddiq A R, Kennedy A R. Porous titanium manufactured by a novel powder tapping method using spherical salt bead space holders: Characterisation and mechanical properties [J]. Journal of the Mechanical Behavior of Biomedical Materials, 2015, 48: 229 ~ 240.

[76] Lee D J, Jung J M, Latypov M I, et al. Three-dimensional real structure-based finite element analysis of mechanical behavior for porous titanium manufactured by a space holder method [J]. Computational Materials Science, 2015, 100: 2 ~ 7.

[77] Perez L, Lascano S, Aguilar C, et al. Simplified fractal FEA model for the estimation of the Young's modulus of Ti foams obtained by powder metallurgy [J]. Materials & Design, 2015, 83: 276 ~ 283.

[78] Wang X H, Li J S, Hu R, et al. Mechanical properties and pore structure deformation behaviour of biomedical porous titanium [J]. Transactions of Nonferrous Metals Society of China, 2015, 25: 1543 ~ 1550.

[79] Ozbilen S, Liebert D, Beck T, et al. Fatigue behavior of highly porous titanium produced by powder metallurgy with temporary space holders [J]. Materials Science & Engineering. C, Materials for Biological Applications, 2016, 60: 446 ~ 457.

[80] Torres Y, Trueba P, Pavón J J, et al. Design, processing and characterization of titanium with radial graded porosity for bone implants [J]. Materials & Design, 2016, 110: 179 ~ 187.

[81] Xiao J, Qiu G, Liao Y, et al. Microstructure and mechanical properties of titanium foams prepared with carbamide as space holder [J]. Rare Metal Materials and Engineering, 2015, 44: 1724 ~ 1729.

3 尿素作为造孔剂制备泡沫钛的结构和力学性能

3.1 概述

近年来，骨缺损修复材料成为临床需求量最大的生物医用材料之一。传统的骨替代材料均采用致密的金属或合金，如钴镍合金、不锈钢、钛基合金等。相对于其他金属，钛合金作为骨替代材料得到了更为广阔的应用，这主要得益于其杨氏模量低、耐腐蚀性和良好的生物相容性[1~4]。然而，与具有多孔结构的骨骼相比，致密的钛合金支架显然不利于新骨的长入和营养物质的输送，限制了其在人体内的使用寿命。与此同时，虽然可以通过调整合金成分来降低钛合金的力学性能特别是杨氏模量，但其最低的杨氏模量（55GPa[1]）还是高于骨的模量（松质骨：0.02～0.5GPa，皮质骨：3～30GPa[5]）。当植入体的模量高于骨的模量，将会导致应力遮挡现象的发生，使得植入体与骨的结合处发生松动，从而不利于植入体的固定甚至出现局部骨吸收现象。

令人欣慰的是，泡沫钛的出现为解决这个问题带来了曙光。这是因为，一方面多孔结构有利于新骨的长入和营养物质的输送，另一方面又可以通过改变孔结构来调整其力学性能，特别是与骨的模量相匹配。因此，泡沫钛应用于骨替代材料具有非常诱人的前景[6,7]。

当前，泡沫钛的制备常采用基于粉末冶金的“造孔剂法”[8]，英文名为“space holder technique”。这种技术采用一种临时性材料作为造孔剂，如尿素[9]、碳酸氢铵[10]、镁[11]、氯化钠[12]、氟化钠[13]、樟脑丸[14]以及淀粉[15]等。相对于其他造孔剂，尿素一方面容易脱除且脱除产生的气体不会污染环境，另一方面价格较为便宜且容易获取，这非常有利于节约资源和保护环境。因此，采用尿素作为造孔剂来制备泡沫钛受到了研究者的青睐。例如，M. Bram[16]第一次报道尿素作为造孔剂；W. Niu[17]和 M. Sharma[9]分别采用球形状和针状来制备泡沫钛，后者还研究了尿素的形状和含量对泡沫钛结构和力学性能的影响[18]；N. Tuncer[19]研究了尿素颗粒的大小对泡沫钛结构和力学性能的影响；O. Smorygo[20]将钛粉涂覆在球形尿素颗粒上，采用水解尿素的方式来进行泡沫钛的制备等。这些研究成果表明，尿素颗粒一般存在两种形状：近球形状[16,17,20]和针状（不规则）[9,18]，前者粒径较大（毫米级），而后者粒径较小（微米级）。当采用球形状尿素作为造孔剂时，易制备闭孔结构泡沫钛[16,17,19,20]，而（细小的）针状尿素（平均粒径分别为51μm[18]和120μm[19]）则易形成开孔结构。然而，当M. Sharma采用粗大的（平均粒径为224μm[18]）针状尿素，孔隙率为44%～64%的泡沫钛全部形成闭孔结构，且当造孔剂的含量超过60%时，生压坯在尿素的脱除过程将发生坍塌和断裂现象。那么，采用粗大的针状尿素作为造孔剂，能否制备出开孔泡沫钛以及造孔剂含量能否超过60%，这是已有文献还未解决的问题。

据文献报道，植入体的适宜孔径为100～500μm[21]。因此，首先筛分出粒径合适的针状尿素颗粒。然后，为了制备出造孔剂含量超过60%的泡沫钛，造孔剂的含量分别设定为60%、70%和80%。最后，对泡沫钛的制备过程、结构和力学性能进行分析讨论。

3.2 材料与方法

商业高纯钛粉（平均粒径为32μm，图3-1（a））购自中国北京兴荣源

(a) (b)

图3-1 原料的扫描电镜图片
（a）钛粉；（b）尿素

有限公司，采用氢化—脱氢法制备得到。其纯度和氧含量分别为 99.3% 和 0.5%。针状尿素（平均粒径为 398μm，图 3-1（b））购自中国成都市科龙化工试剂厂，经过 40～60 目（250～420μm）的筛子筛分得到。

采用造孔剂法来制备泡沫钛。首先，将称量好的钛粉和尿素（体积分数分别为 60%、70%、80%）在研体中混合 2～3min 后于钢质模具（直径为 16mm，高为 50mm）中在压机下压制成圆柱形生压坯（压力为 200MPa，保压时间 45s），然后将生压坯置于真空碳管炉内进行热处理。热处理过程分两步：（1）先低真空下脱除尿素（脱除尿素后的钛骨架称为预加热试样），温度达到 460℃时停炉冷却；（2）再将预加热试样在高纯氩气保护气氛下于 1250℃烧结 2h，最后随炉冷却至室温。具体的热处理过程如图 3-2 所示。

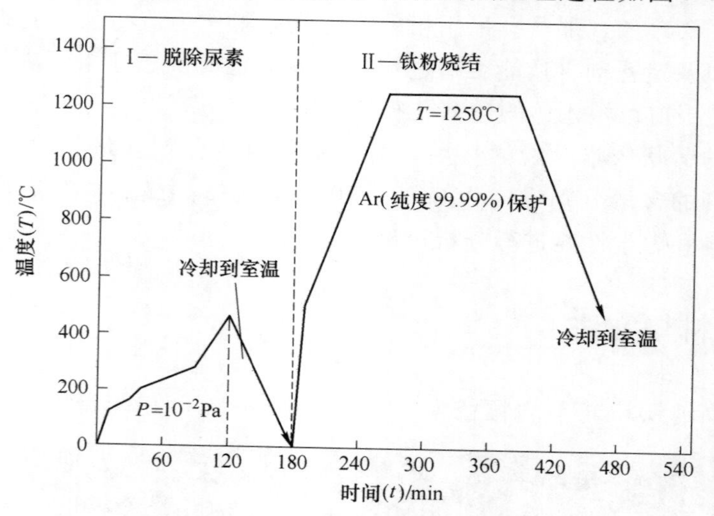

图 3-2　试样的热处理过程

泡沫钛的孔隙率与相对密度之间的关系可表示为 $P=1-\rho/\rho_s$，其中 ρ 和 ρ_s 分别为泡沫试样的密度和纯钛的密度（$\rho_s=4.51\text{g/cm}^3$）。利用热分析仪测试尿素的热重曲线和差示曲线，利用扫描电镜观察试样的微观结构，利用新三思万能电子实验机（型号：MT-5150）测试试样的压缩性能，压头移动速率为 1.5mm/min。屈服强度定义为产生 0.2% 残余变形的应力值。

3.3　结果与讨论

3.3.1　造孔剂的脱除

尿素的热分析实验结果如图 3-3 所示。从 DSC 曲线可以看到 3 个明显的吸热峰，其温度区间大致可分为 120～160℃、160～280℃以及 280～420℃。从热重曲线可以看出，第二个和第三个吸热峰都引起了质量的变化，而第一个吸热峰却没有引起质量的变化。这是因为尿素的熔点约为 135℃，所以第一个吸热峰发生的是尿素的熔化。仔细观察还看到，尿素在熔点之前大约 10℃即 120℃时开始熔化。因此，为了使试样在尿素的熔化过程中不发生坍塌以及钛粉不被熔化的尿素液体带走，从 120～160℃加热过程中要尽可能的缓慢，本实验为 2℃/min。而在第二个和第三个吸热峰温度区间则可以相对快点，分别为 4℃/min 和 6℃/min。

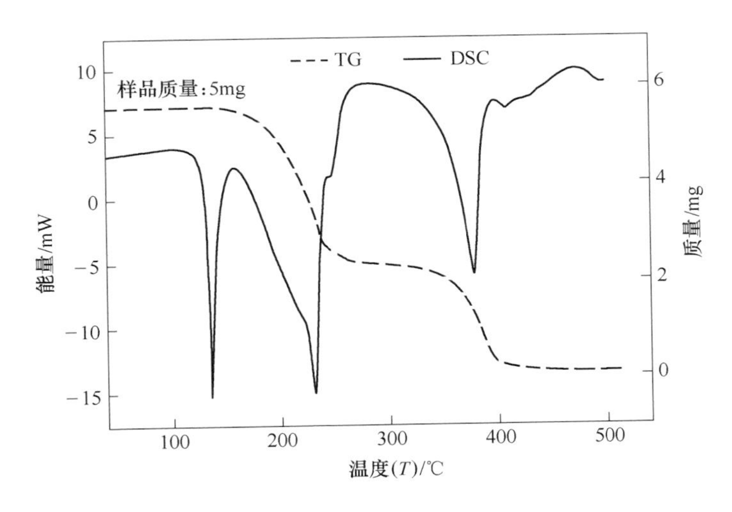

图 3-3 尿素的 TG 和 DSC 曲线

从热重曲线（见图 3-3）可以看出，直到加热到 460℃时，尿素才完全脱除。因此，尿素的脱除温度持续到 460℃结束。从 DSC 曲线和 TG 曲线还可以看到，尿素在第二个和第三个吸热峰的温度区间内发生了分解反应（有气体产生）。显然，相对于氩气[9,18]，真空环境下（真空度为 10^{-2}Pa）能够加快挥发气体（尿素分解反应的产物）在钛粉之间的间隙扩散速率，从而避免由于钛粉的粉化而导致生压坯的坍塌和断裂[16,17]，如图 3-4 所示。在 M. Sharma 的研究结果中，造孔剂含量超过 60% 时会出现生压坯坍塌和断裂现象的原因主要跟尿素脱除过程气氛（氩气[9]）的选择有关（压制压力为 100MPa，足够大；加热速率为 2.5℃/min，足够缓慢）。虽然氩气可以保护钛粉不被污染，但是却不利于挥发气体的扩散。而且，真空下脱除尿素还有一个优势在于挥发气体被及时地带出炉体还能避免挥发气体与钛粉反应，从而保护钛粉不受污染，如图 3-5 所示。

图 3-4 预加热试样的宏观形貌

1—60%；2—70%；3—80%

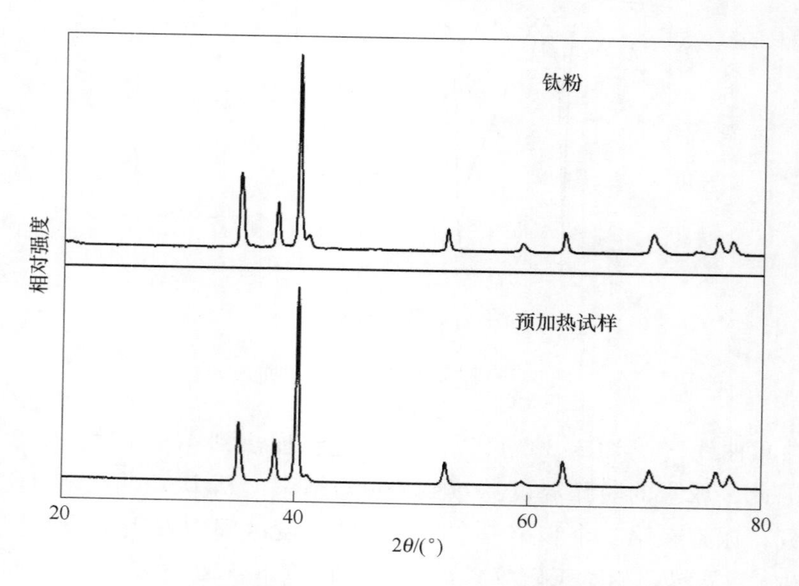

图 3-5 钛粉和预加热试样的 XRD 图谱

3.3.2 孔结构的表征

采用针状尿素作为造孔剂成功地制备出了孔隙率为 50.2% ~71.4% 的泡沫钛。试样的扫描电镜微观形貌图如图 3-6 所示。从图 3-6 可以看到，孔隙率随着造孔剂含量的增加而增加，而孔壁厚度则随着孔隙率的增加而减小。孔隙率为 50.2% 的试样含有开孔和闭孔两种孔结构或称为半开孔结构（见图 3-6（a））。随着孔隙率的增加，孔结构逐渐从闭孔向开孔转变，孔隙率为71.4%的试样形成了连通型开孔结构（见图3-6（c））。从而，孔的连通程度随着孔隙率的增加而增加。

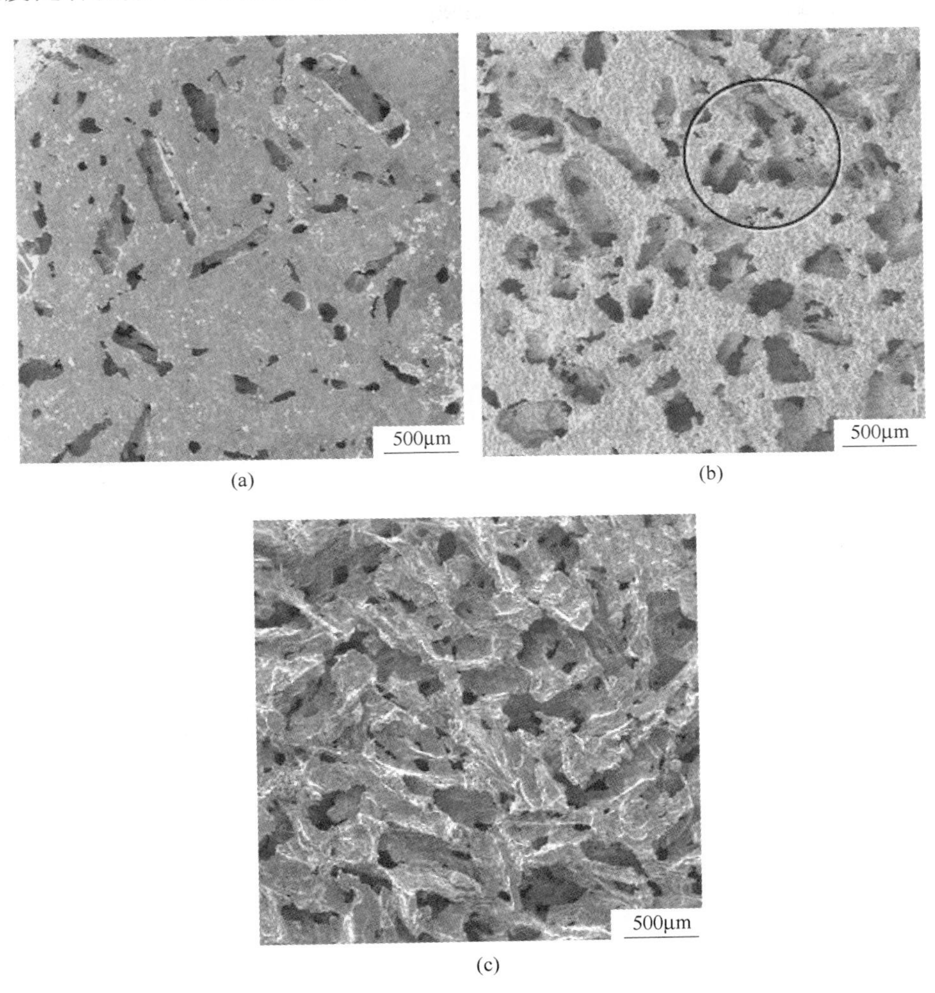

(a) (b) (c)

图3-6 不同孔隙率泡沫钛试样的扫描电镜图片

（a）50.2%；（b）62.8%；（c）71.4%

定义孔的最大内切圆直径为孔的直径。应用Image-pro-plus软件对试样的孔洞进行粗略的统计。结果表明，泡沫钛孔隙率为50.2%和62.8%的平均孔径分别为108μm和220μm。未对孔隙率为71.4%的试样的孔径进行统计主要是由于试样的孔洞彼此连通在一起，导致不易区分单个孔。当然，后者的孔径明显大于前两者。从而，泡沫钛试样的孔径大小随着孔隙率的增加而增加。

从图 3-6 中，可以看到，一方面孔隙率为 62.8% 的试样有少部分孔连接在一起，使得这些孔的直径大于造孔剂的粒径（见图 3-6（b）中的黑色圆圈）。这种现象在孔隙率为 71.4% 的试样更为明显。另一方面，孔隙率为 50.2% 的试样的孔基本上是彼此孤立的，而其孔径也全部小于造孔剂的粒径。也就是说，随着造孔剂含量的增加，增大了孔与孔的接触几率。即，随着孔隙率的增加，增大了孔的连接可能性，从而使得孔结构从闭孔向开孔转变[11,17,22]。

除了由造孔剂脱除所形成的宏观大孔（见图 3-7（a）中的区域 A）外，

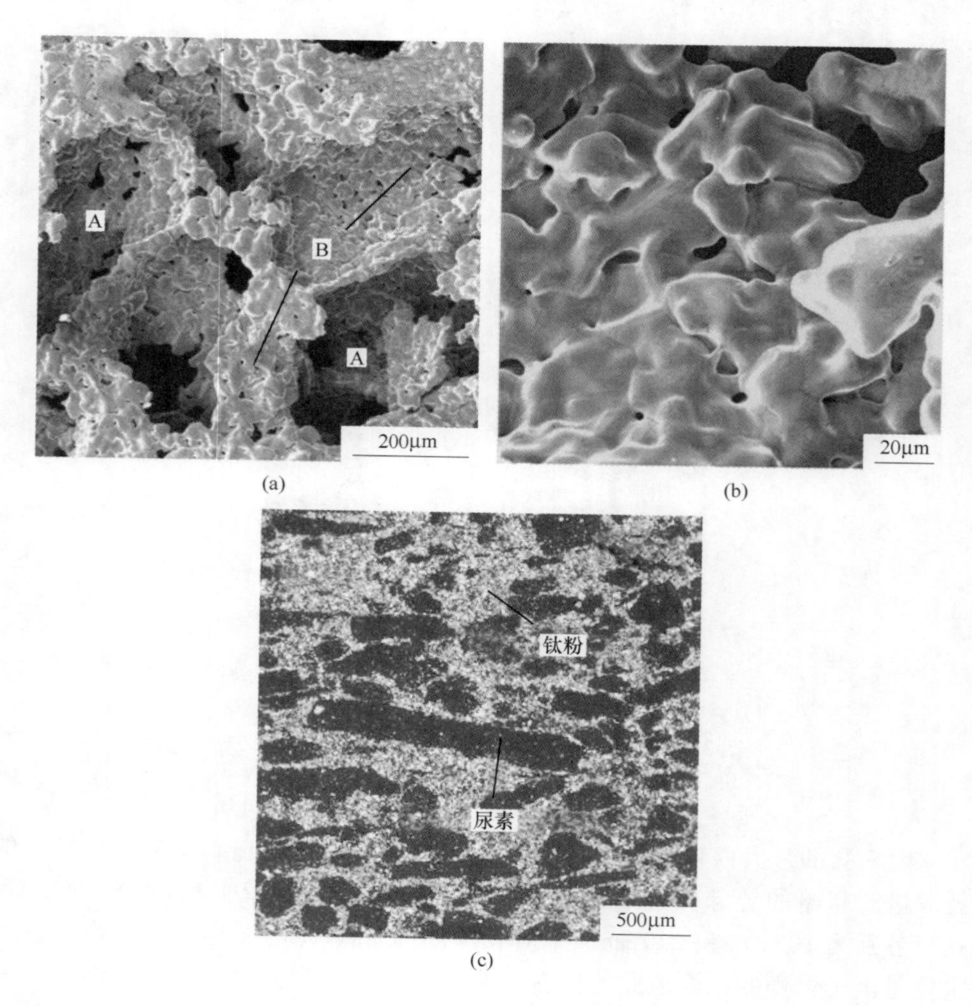

(a)　(b)　(c)

图 3-7　泡沫试样的孔结构

（a）试样含有两个尺度上的孔结构；（b）孔壁上的微观小孔；（c）生压坯的背散射图片

宏观大孔之间的孔壁上还分布着微米级的微观小孔（见图 3-7（a）中的区域 B)。在众多学者研究工作中，不论是采用金属镁或球形状尿素还是氯化钠等作为造孔剂，也都表明所制备出来的泡沫钛含有两个尺度上的孔洞[11,17,23,24]。M. Sharma[9]根据所获得的针状尿素脱除后的预加热试样的扫描电镜微观形貌图，结果显示除了由尿素脱除所留下的宏观大孔外，在致密的钛粉骨架上还分布着微米级的孔洞。而本实验则获得了生压坯（造孔剂未脱除）的背散射图片（见图 3-7（c））。其中，黑色孔洞为尿素，白色区域为钛粉，白色区域上的黑点为钛粉之间的间隙。因而，当尿素脱除之后，这些间隙孔在烧结过程中由于钛粉的不完全烧结导致烧结试样的孔壁上含有微米级的孔洞（见图 3-7（b）），其尺寸为 1 ~ 10μm。如果从生物医用的角度来讲，孔壁上的微观小孔还有助于进一步提高泡沫钛孔结构的连通性。

3.3.3 力学性能

泡沫钛试样的应力-应变曲线如图 3-8 所示。泡沫金属的应力-应变曲线具有 3 个典型的阶段，即弹性阶段、应力平台阶段和致密化阶段[25]。应力平台阶段即随着应变的增加，应力基本维持常数，此应力常数称为平台应力。在应力平台阶段主要发生孔洞的塑性坍塌，因而也称为坍塌平台。理想的泡沫金属的坍塌平台总是长而平坦，这是因为其孔洞一致且分布均匀，使得孔洞在坍塌平台发生均匀的塑性坍塌。然而，实际泡沫金属的坍塌过程却往往是非均匀的发生。在本实验泡沫钛的坍塌阶段，裂纹首先在孔壁最薄弱处产生，然后沿着尖角处（应力集中区）扩展。因此，在坍塌平台往往伴随

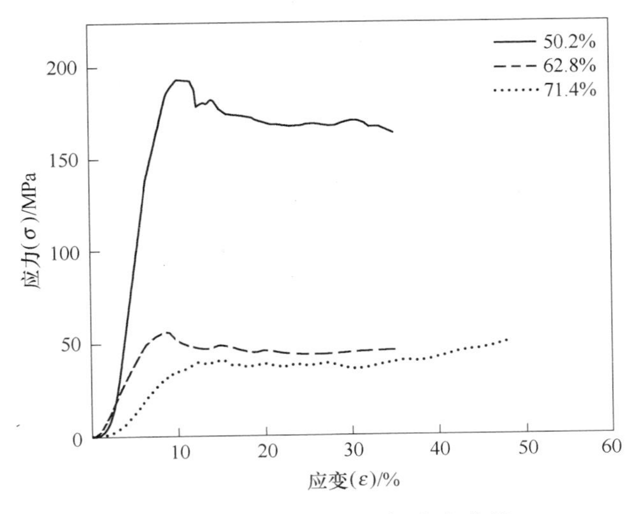

图 3-8 泡沫试样的应力-应变曲线

着裂纹的产生，从而使得试样的应力-应变曲线没有出现理想泡沫金属所具有的典型特征。

从图 3-8 可以看到，随着孔隙率的增加，坍塌平台一方面逐渐降低，另一方面逐渐趋近于长而平坦。我们知道，泡沫金属在受力时由孔壁承担载荷。随着孔隙率的增加，孔壁厚度一方面逐渐减小（见图 3-6），从而使得平台应力降低，导致坍塌平台的降低；另一方面孔壁厚度分布趋于均匀，从而出现了长而平坦的坍塌平台，即孔隙率为 71.4% 的试样。也就是说，随着孔隙率的增加，试样的坍塌平台区域越来越接近理想泡沫金属[10,11,15,17,18,20,23]。从图 3-8 还可以看到，孔隙率为 50.2% 的试样的坍塌平台远高于孔隙率为 62.8% 和 71.4% 的试样。其原因主要是一方面前者的孔壁厚度（见图 3-6 (a)）远大于后两者的孔壁厚度（见图 3-6 (b) 和 (c)），另一方面后两者形成的都是开孔结构且孔壁厚度相近。

屈服强度和杨氏模量是泡沫金属最为重要的两个力学性能参数[25]，而抗压强度和杨氏模量则是骨植入材料最为重要的两个力学性能参数[5]。泡沫钛试样的屈服强度、抗压强度和杨氏模量分别为 34.4 ~ 146.8MPa、40.6 ~ 193.2MPa 和 0.5 ~ 3.3GPa，如表 3-1 所示。从表 3-1 中可以看到，泡沫钛的力学性能随着孔隙率的增大而减小，这与文献报道是一致的[25]。这一方面与图 3-8 的结果保持一致，另一方面与图 3-6 的结果也保持一致（随着孔隙率的增大，泡沫钛孔壁厚度越来越薄，导致力学性能逐渐降低）。

表 3-1　泡沫钛的力学性能

孔隙率/%	屈服强度 σ_s/MPa	抗拉强度 σ_{bc}/MPa	杨氏模量 E/GPa
50.2	146.8	193.2	3.3
62.8	48.3	55.6	0.9
71.4	34.4	40.6	0.5

骨是一种具有独特结构的高密度结缔组织，在结构上主要分为皮质骨（分布在骨的外面，厚而密实）和松质骨（骨内部，呈海绵状）。其中，皮质骨是骨主要的承力部位。据文献报道，皮质骨的抗压强度和杨氏模量分别为 130 ~ 180MPa 和 3 ~ 30GPa，松质骨的分别为 4 ~ 12MPa 和 0.02 ~ 0.5GPa[5]。从医学角度来看，骨替代材料的结构和性能（力学和耐腐蚀性能等）应尽可能地接近人骨，这样才能更好地与人骨融合在一起。特别地，骨替代材料应尽可能地就是避免应力遮挡现象（当植入体的杨氏模量（或刚度）高于骨的模量时，植入体将承受绝大部分的载荷，导致与其周围的骨组

织由于没有受到应力的刺激而发生骨吸收现象[26]）。也就是说，骨替代材料的杨氏模量应尽可能地与骨的杨氏模量匹配。从本实验制备出来的泡沫钛来看，尽管孔隙率为50.2%和71.4%的泡沫钛的抗压强度分别略高于皮质骨和松质骨的强度，但杨氏模量却与骨的模量相匹配。并且，两者的结构与骨的结构类似。因此，孔隙率为50.2%和71.4%的泡沫钛可分别作为皮质骨和松质骨潜在的替代材料。

3.3.4 讨论

根据Gibson-Ashby方程[25]，当孔隙率为50.2%～71.4%（即相对密度为28.6%～49.8%）时，泡沫钛的杨氏模量为9～27.3GPa。结果表明，泡沫钛的实际杨氏模量值远小于理论的杨氏模量（见图3-9）。

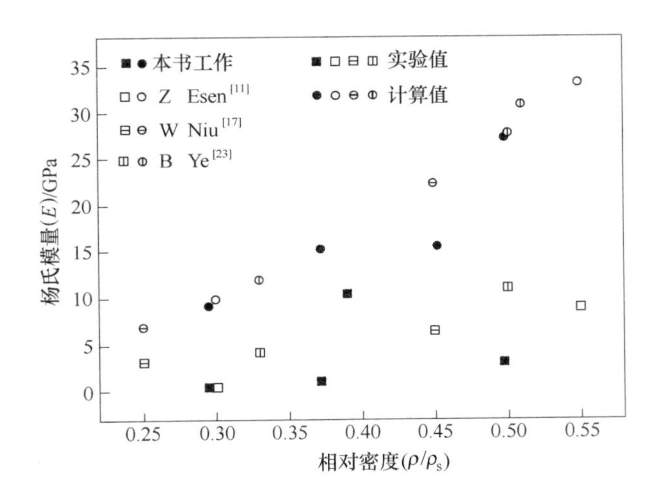

图3-9 本实验和其他学者的实际和理论杨氏模量与相对密度对应的关系[11,17,23]

对于多孔材料，影响杨氏模量（E）单个最重要的结构参数就是它的相对密度（ρ/ρ_s）。对于开孔泡沫钛，杨氏模量E与相对密度的平方成正比，即$E/E_s = C(\rho/\rho_s)^2$。其中，对于泡沫金属，常数C的值为1；E_s = 110GPa[27]（4级钛粉）。Gibson-Ashby方程适用于相对密度小于0.3或孔隙率大于70%的理想型开孔泡沫钛[25]。例如，孔为圆柱形或立方体、孔径大小均一且分布均匀和孔壁厚度分布均匀等。而实际制备出来的泡沫金属往往形状不规则、孔径大小不一以及分布不均等，如本实验制备得到的泡沫钛。当孔的分布不均匀时，会导致孔壁厚度分布不均匀。由于孔壁为实际泡沫承受载荷的部位，孔壁厚度不均匀会导致裂纹在孔壁厚度最薄弱处产生，然后沿着裂纹尖端处扩展，最终导致实际泡沫金属的杨氏模量小于理论计算值。

在众多学者的研究当中，由 Z. Esen[11]制备孔隙率为45%～70%的泡沫钛的杨氏模量为0.42～8.8GPa；Niu W[17]制备孔隙率为55%～75%的泡沫钛的杨氏模量为3～6.4GPa；Ye B[23]制备孔隙率为50%～67%的泡沫钛的杨氏模量为4～11GPa。根据 Gibson-Ashby 方程，则理论杨氏模量分别为9.9～33.3 GPa[11]（见图3-9）、6.9～22.3GPa[17]（见图3-9）和12～27.5GPa[23]（见图3-9）。可见，实际的泡沫钛的杨氏模量往往小于理想泡沫钛的杨氏模量。因此，可以在今后的工作中建立泡沫钛的实际杨氏模量与相对密度的关系表达式。

3.4　本章小结

（1）采用针状尿素作为造孔剂成功制备出了孔隙率为50.2%～71.4%的泡沫钛，其屈服强度、抗压强度和杨氏模量分别为34.4～146.8MPa、40.6～193.2MPa和0.5～3.3GPa。

（2）当造孔剂含量超过60%时，随着造孔剂含量的增加，孔单元之间的连接形式从闭孔向开孔转变。特别地，当造孔剂含量超过70%时，形成开孔结构泡沫钛。

（3）孔隙率为50.2%和71.4%的泡沫钛的杨氏模量分别匹配于皮质骨和松质骨的模量，理论上可作为潜在的骨替代材料。

参考文献

[1] Long M, Rack H. Titanium alloys in total joint replacement-a materials science perspective [J]. Boimaterials, 1998, 19: 1621～1639.

[2] Nishiguchi S, Nakamura T, Kobayashi M, et al. The effect of heat treatment on bone-bonding ability of alkali-treated titanium [J]. Biomaterials, 1999, 20: 491～500.

[3] Niinomi M. Mechanical properties of biomedical titanium alloys [J]. Materials Science and Engineering: A, 1998, 243: 231～236.

[4] 胡曰博，张新娜，孙文兴，等．泡沫钛材料的制备与应用研究进展 [J]. 稀有金属材料与工程，2009，38：297～301.

[5] Yang S, Leong K F, Du Z, et al. The design of scaffolds for use in tissue engineering. Part I. Traditional factors [J]. Tissue Engineering, 2001, 7: 679～689.

[6] Singh R, Lee P D, Dashwood R J, et al. Titanium foams for biomedical applications: A review [J]. Materials Technology, 2010, 25: 127 ~ 136.

[7] Bansiddhi A, Sargeant T, Stupp S, et al. Porous NiTi for bone implants: A review [J]. Acta Biomaterialia, 2008, 4: 773 ~ 782.

[8] 张艳，汤慧萍，李增峰，等．泡沫钛合金的研究进展 [J]．稀有金属材料与工程，2010，39：476 ~ 481.

[9] Sharma M, Gupta G K, Modi O P, et al. Titanium foam through powder metallurgy route using acicular urea particles as space holder [J]. Materials Letters, 2011, 65: 3199 ~ 3201.

[10] Wen C, Yamada Y, Shimojima K, et al. Processing and mechanical properties of autogenous titanium implant materials [J]. Journal of Materials Science: Materials in Medicine, 2002, 13: 397 ~ 401.

[11] Esen Z, Bor Ş. Processing of titanium foams using magnesium spacer particles [J]. Scripta Materialia, 2007, 56: 341 ~ 344.

[12] Torres Y, Pavon J J, Rodriguez J A. Processing and characterization of porous titanium for implants by using NaCl as space holder [J]. Journal of Materials Processing Technology, 2012, 212: 1061 ~ 1069.

[13] Bansiddhi A, Dunand D C. Shape-memory NiTi foams produced by solid-state replication with NaF [J]. Intermetallics, 2007, 15: 1612 ~ 1622.

[14] Chino Y, Dunand D C. Creating aligned, elongated pores in titanium foams by swaging of preforms with ductile space - holder [J]. Advanced Engineering Materials, 2009, 11: 52 ~ 55.

[15] Mansourighasri A, Muhamad N, Sulong A. Processing titanium foams using tapioca starch as a space holder [J]. Journal of Materials Processing Technology, 2012, 212: 83 ~ 89.

[16] Bram M, Stiller C, Buchkremer H P, et al. High-porosity titanium, stainless steel, and superalloy parts [J]. Advanced Engineering Materials, 2000, 2: 196 ~ 199.

[17] Niu W, Bai C, Qiu G, et al. Processing and properties of porous titanium using space holder technique [J]. Materials Science and Engineering a-Structural Materials Properties Microstructure and Processing, 2009, 506: 148 ~ 151.

[18] Sharma M, Gupta G, Modi O, et al. PM processed titanium foam: influence of morphology and content of space holder on microstructure and mechanical properties [J]. Powder Metallurgy, 2012, 56: 55 ~ 60.

[19] Tuncer N, Arslan G, Maire E, at al. Investigation of spacer size effect on architecture and mechanical properties of porous titanium [J]. Materials Science and Engineering A, 2011, 530: 633 ~ 642.

[20] Smorygo O, Marukovich A, Mikutski V, et al. High-porosity titanium foams by powder coated space holder compaction method [J]. Materials Letters, 2012, 83: 17 ~ 19.

[21] Müller U, Imwinkelried T, Horst M, et al. Do human osteoblasts grow into open-porous titanium [J]. Eur Cell Mater, 2006, 11: 8 ~ 15.

[22] Laptev A, Bram M, Buchkremer H, et al. Study of production route for titanium parts combining very high porosity and complex shape [J]. Powder Metallurgy, 2004, 47: 85 ~ 92.

[23] Ye B, Dunand D C. Titanium foams produced by solid-state replication of NaCl powders [J]. Materials Science and Engineering A, 2010, 528: 691 ~ 697.

[24] Hong T, Guo Z, Yang R. Fabrication of porous titanium scaffold materials by a fugitive filler method [J]. Journal of Materials Science: Materials in Medicine, 2008, 19: 3489 ~ 3495.

[25] Gibson L J, Ashby M F. Cellular solids: structure and properties [M]. Cambridge: Cambridge University Press, 1999.

[26] Van Loon C, de Waal Malefijt M, Buma P, et al. Femoral bone loss in total knee arthroplasty: a review [J]. Acta Orthopaedica Belgica, 1999, 65: 154 ~ 163.

[27] Leyens C, Peters M. Titanium and titanium alloys [M]. Weinheim: Wiley Online Library, 2003.

4 造孔剂大小对泡沫钛孔隙结构的影响

4.1 概述

在近十多年里，泡沫钛作为一种结构与功能一体化的新型功能材料引起了全世界范围内的研究兴趣。它具有普通泡沫金属的性质，如轻质、渗透性、吸收能量、吸声、隔声、隔热、阻尼减振等[1~9]。这也得益于金属钛出众的性质，如具有出色的力学性能、优异的耐腐蚀性以及优良的生物相容性等优点[10]。相对于其他泡沫金属，泡沫钛在航天航空、船舶、生物医学以及复杂恶劣环境下的使用寿命等方面具有潜在的优势。随着泡沫钛商业化应用逐步地推广，加强了人们对于其结构和性能的研究。

通常，泡沫钛的制备采用基于粉末冶金的方法，如造孔剂法（space holder technique）。造孔剂通常是一种临时性材料，如尿素[11,12]、碳酸氢铵[13]、镁[14]、氯化钠[15]、氟化钠[16]、樟脑丸[17]以及淀粉[18]等。在多数情况下，该技术都可以较为方便的通过调整造孔剂的参数来控制材料最终的结构和性能。其中，造孔剂参数包括含量和大小等。例如，本书第 3 章中采用尿素作为造孔剂，在造孔剂含量为 60% ~80% 的情况下制备出孔隙率为 50.2% ~71.4% 的泡沫钛。其屈服强度、抗压强度和杨氏模量分别为 34.4 ~146.8MPa、40.6 ~193.2MPa 和 0.5 ~3.3GPa。结果表明，孔隙率随着造孔剂含量的增加而增加，力学性能随着造孔剂含量的增加而减小。然而，当改变造孔剂大小时，泡沫钛的结构和力学性能又会发生什么样的变化，则是接下来开展的工作。

无论是作为过滤与分离材料、吸声材料，还是作为生物材料，孔径大小对泡沫钛来说至关重要。因为这些功能属性严重依赖于泡沫材料的孔径大小。由造孔剂法制备的泡沫钛的孔径大小又是通过调整造孔剂大小来实现的。在大多数情况下，泡沫材料不仅需要满足功能属性的要求，它还需要承受一定的载荷。而且，某些特定的应用对于力学性能也是有严格限制的，例如骨组织替代材料。那么，当功能属性满足使用条件的情况下，造孔剂大小的改变会不会引起力学性能的改变？在采用尿素颗粒作为造孔剂的工作中，N. Tuncer 曾先报道泡沫钛的杨氏模量和抗压强度不受造孔剂粒径的影响[19]，后来他又发现抗压强度和杨氏模量都随着造孔剂粒径的增大而增大[20]。可以看出，造孔剂大小的改变对泡沫钛的力学性能确实有影响。由于泡沫材料的力学性能严重依赖于孔隙结构（特别是相对密度或者孔隙率[21]），造孔剂大小对泡沫钛力学性能的影响可能是先通过对孔隙结构的改变，然后孔隙结构的改变导致了力学性能的改变。例如，当增大尿素颗粒的粒径时，既出现了孔隙率减小的结果[20]，也出现了孔隙率增大的结果[22]。然而，造孔剂大小对泡沫钛孔隙结构的影响机理却是已有文献仍未解决的问题。

因此，本章的目的就是通过考察造孔剂大小对泡沫钛结构和力学性能的影响，讨论造孔剂大小对烧结泡沫孔隙率的影响。首先用 40 ~ 60 目（250 ~ 420μm）、80 ~ 100 目（150 ~ 174μm）和 120 ~ 150 目（100 ~ 125μm）的筛子筛选出 3 个级别的针状尿素颗粒。其中，造孔剂的含量（体积分数）设定为 70%。然后，对压坯和烧结泡沫的孔隙结构和力学性能进行表征和分析。最后，重点讨论造孔剂大小对泡沫钛孔隙率的影响。

4.2　材料与方法

4.2.1　原料

商业高纯钛粉（平均粒径为 32μm）购自中国北京兴荣源有限公司，采用氢化-脱氢法制备得到。其纯度和氧含量分别为 99.3% 和 0.5%。针状尿素购自中国成都市科龙化工试剂厂，其平均粒径分别为 398μm、116μm 和 75μm，如图 4-1 所示。

4.2.2　配料

造孔剂的含量（或体积分数）是基于理想的烧结泡沫进行添加，如式（4-1）所示：

$$S_c = \frac{V_1}{V_1 + V_2} \times 100\% \tag{4-1}$$

式中，S_c（英文 spacer content 的缩写）表示造孔剂含量；V_1，V_2 分别为造孔剂体积和钛粉体积。

本实验造孔剂的含量（体积分数）为 70%。理想的烧结泡沫即孔壁完全致密，孔的体积就是造孔剂的体积，如图 4-2 所示。

(a) (b) (c)

图 4-1 尿素的扫描电镜图片

(a) 398μm；(b) 116μm；(c) 75μm

4.2.3 制备过程

首先，将称量好的钛粉和尿素在研体中混合 2～3min 后于钢质模具（直径为 16mm，高为 50mm）中在压机下压制成圆柱形生压坯（压力为 200MPa，保压时间 45s），然后将生压坯置于真空碳管炉内进行热处理。热处理过程分两步：（1）先低真空下脱除尿素（脱除尿素后的钛骨架称为预加热试样），温度达到 460℃时停炉冷却；（2）接着再将预加热试样在高纯氩气保护气氛下于 1250℃烧结 2h，最后随炉冷却至室温。

图 4-2　理想的烧结泡沫钛

4.2.4　分析与检测

泡沫钛的密度通过对试样进行称重以及用电子卡尺测量试样的尺寸计算得到。相对密度等于所测密度除以钛的理论密度（$\rho_s = 4.51\mathrm{g/cm^3}$）。泡沫钛的孔隙率（$P$）与相对密度（$\rho/\rho_s$）之间的关系可表示为 $P = 1 - \rho/\rho_s$。利用扫描电镜观察试样的微观形貌，利用新三思万能电子实验机（型号：CMT-5150）测试试样的压缩性能，压头移动速率为 1.5mm/min。孔隙率和力学性能为 3 个试样的平均值。

4.3　结果与讨论

4.3.1　孔隙结构

图 4-3 所示为尿素颗粒脱除前后压坯的宏微观形貌。尿素作为软物质颗粒，在钛粉压制过程中可以通过塑性变形来传递应力，从而提高生压坯的致密度[20]。当造孔剂含量相等时，小粒径的尿素颗粒（小颗粒）的数量大于大颗粒。因此，含有小颗粒造孔剂的生压坯的致密度大于大颗粒。经过称重，预加热试样的质量等于原料中钛粉的质量，说明尿素颗粒已完全脱除。

另一方面，预加热试样的外观尺寸和生压坯的保持一致（见图4-3（a）和（b）），这意味着尿素颗粒的脱除是独立的过程。由于钛粉和尿素颗粒紧密接触，它们之间的体积小到可以忽略不计（见图4-3（c））。定义造孔剂脱除所留下的孔洞加上大气孔整体上称为宏观大孔，其体积在烧结前等于原料中造孔剂的体积。

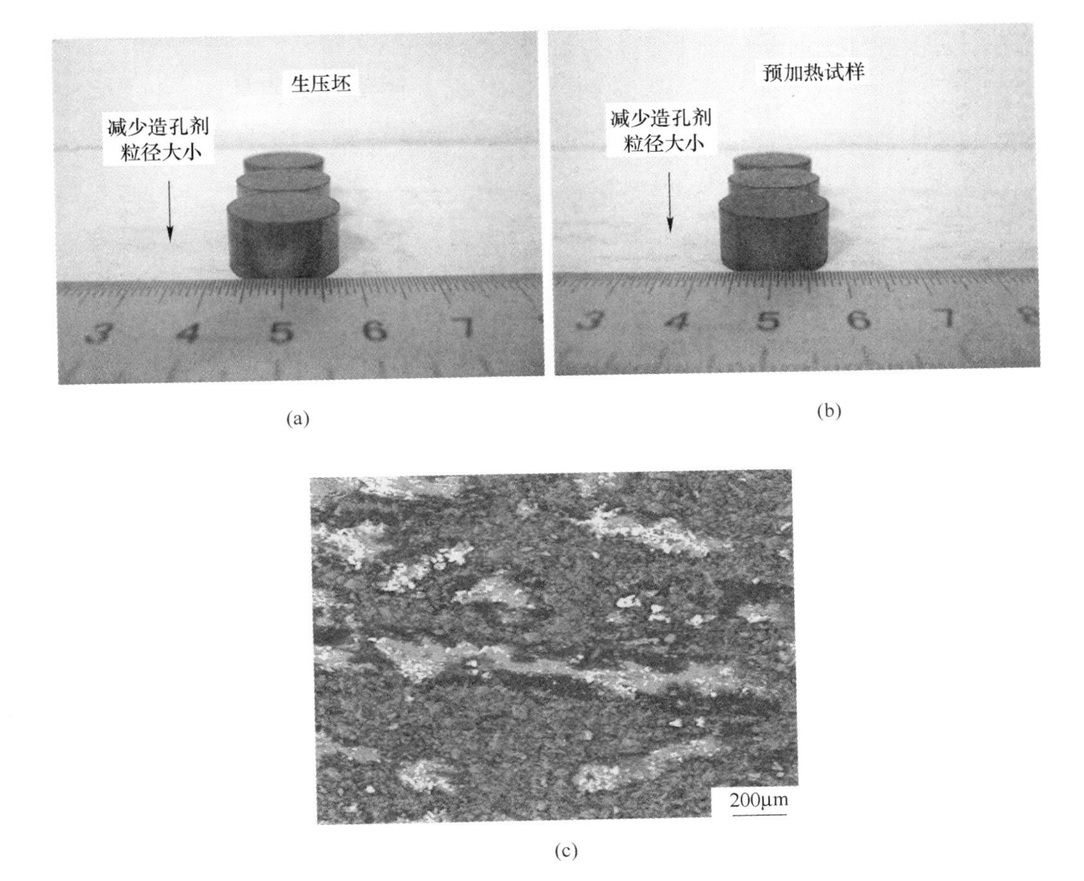

(a)　　(b)

(c)

图4-3　尿素颗粒脱除前后压坯的宏微观形貌

（a）生压坯；（b）预加热试样；（c）造孔剂粒径为398μm的生压坯

烧结泡沫钛的孔隙率如图4-4所示。从图4-4中可以看到，当造孔剂大小为398μm时，泡沫钛的孔隙率为62.8%，随着造孔剂粒径的减小，泡沫钛的孔隙率依次为60.5%和58%。

试样的扫描电镜微观形貌如图4-5所示。从图4-5可以看到，试样全部形成开孔结构。当造孔剂大小为398μm时，泡沫钛的孔径和孔棱厚度的分

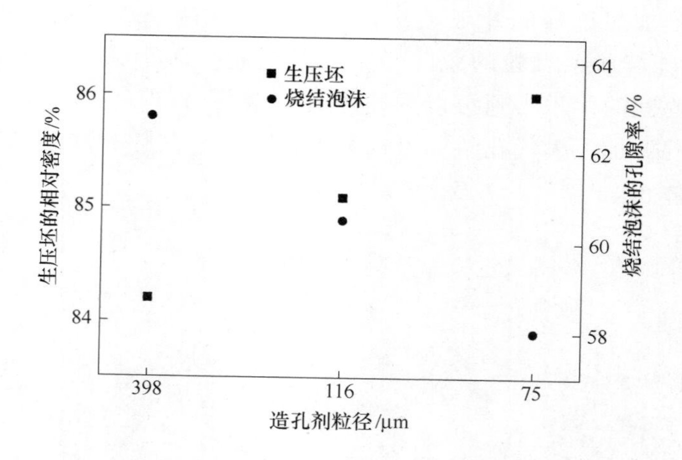

图 4-4　生压坯的相对密度和烧结泡沫的孔隙率

布不均匀。随着造孔剂粒径的减小，孔径和孔棱厚度的分布有趋于均匀的趋势。仔细观察还发现，孔棱并非完全致密，而是包含着一定数量的小孔，如图 4-6 所示。为了便于区分，图 4-5 中的大孔称之为宏观大孔，孔棱上的小孔称之为微观小孔[14,23]。前者源于造孔剂脱除留下的孔洞经过烧结得到，其孔径通常略微小于造孔剂的粒径[20]；后者则源于生压坯中钛粉间的间隙小孔在烧结过程不完全致密化所留下的，其孔径通常为 0 ~ 10μm。从图 4-6 可以看到，随着造孔剂粒径的减小，微观小孔的数量和体积有减少的趋势[20]。

4.3.2　力学性能

泡沫钛的应力-应变曲线如图 4-7 所示。从图 4-7 可以看到，所有试样的弹性阶段几乎是一致的，而坍塌平台却随着造孔剂粒径的减小而升高。

图 4-8 所示为泡沫钛的杨氏模量和抗压强度。可以进一步观察到，小颗粒泡沫钛的杨氏模量略微大于大颗粒泡沫钛，而抗压强度却是前者明显大于后者。

根据 Ashby-Gibson 方程[21]，多孔材料的杨氏模量与其相对密度的平方成正比。当造孔剂尺寸减小时，泡沫钛的孔隙率发生微弱的减小，即相对密度微弱的增大，从而导致杨氏模量出现微弱的增大。可以看出，造孔剂大小对杨氏模量轻微的影响是通过轻微的改变孔隙率来实现的。抗压强度为材料抵抗外力的强度极限。对于开孔泡沫材料而言，承受载荷的部位是孔棱。类似

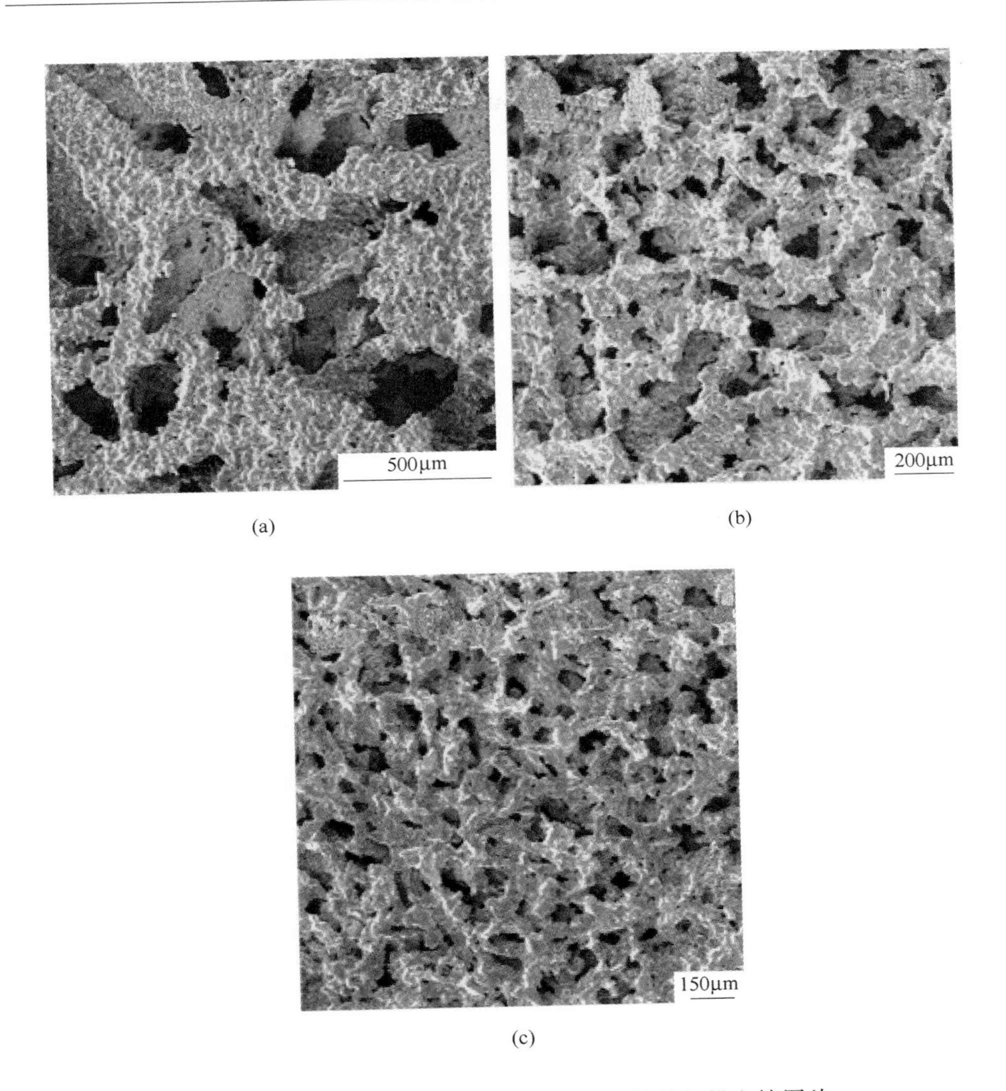

(a) (b) (c)

图 4-5 不同造孔剂粒径大小制备泡沫钛的扫描电镜图片
(a) 62.8%, 398μm; (b) 60.5%, 116μm; (c) 58%, 75μm

于木桶原理，多孔材料的抗压强度并不取决于强度最高的那根孔棱，而是取决于强度最弱的那根孔棱。这是因为，当抗压强度最弱的那根孔棱发生断裂时，裂纹会沿着孔棱的尖端处扩展，从而引发其他孔棱的断裂。由于随着造孔剂尺寸的减小，抗压强度最弱的那根孔棱的厚度和致密度显著增加（见图 4-5 和图 4-6），从而导致烧结泡沫的抗压强度出现了显著地增大。可以看出，造孔剂大小对泡沫钛的力学性能具有显著的影响。

(a)　(b)　(c)

图 4-6　孔棱在高倍数下的微观形貌
（a）398μm；（b）116μm；（c）75μm

4.3.3　讨论

孔隙结构表明，烧结泡沫的孔隙率随着造孔剂粒径的减小而微弱的减小。

对比实际（见图 4-6 和图 4-7）和理想的泡沫钛（见图 4-2），可以看到前者的孔壁上比后者多了一定体积的微观小孔。所以，实际泡沫钛的孔隙率

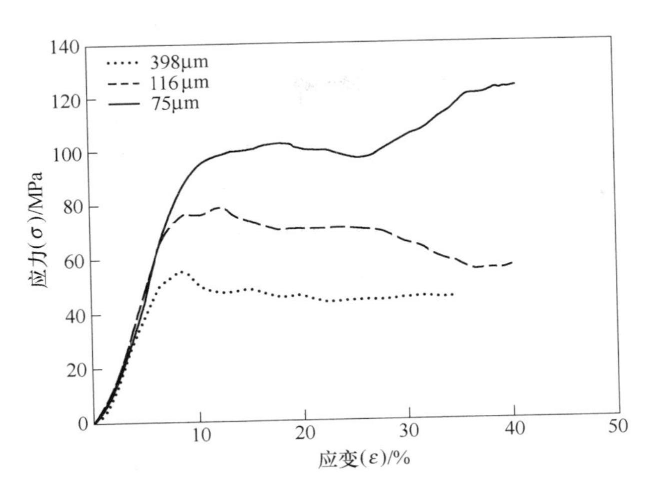

图 4-7 泡沫钛试样的应力-应变曲线

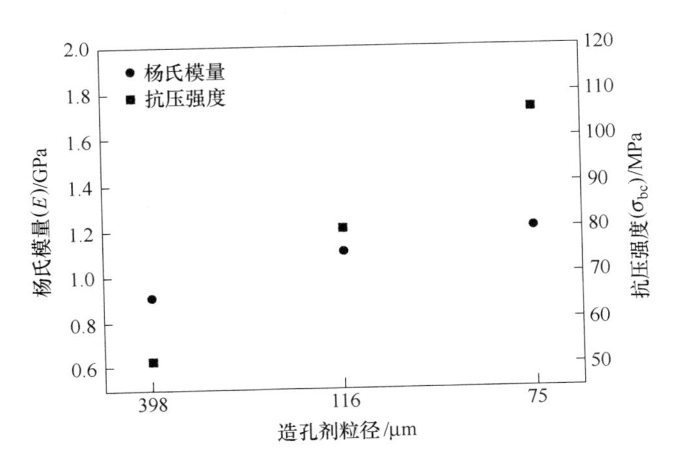

图 4-8 泡沫钛试样的力学性能

由式（4-2）计算得到：

$$P = \frac{(V_1 + \Delta V_1) + V_3}{(V_1 + \Delta V_1) + V_2 + V_3} \times 100\% \qquad (4\text{-}2)$$

式中，P（英文 porosity 的缩写）为孔隙率；ΔV_1 为宏观大孔在烧结过程的体积变化量；V_3 为微观小孔的体积。

据文献报道，当钛粉间的间隙小孔在烧结过程发生体积收缩时，预加热试样中的宏观大孔在这个过程中也随之发生体积收缩[15,24]。如此一来，烧结泡沫宏观大孔的体积就不是原料中造孔剂的体积，而是前者小于后者，即

ΔV_1 的符号是负的，孔隙率的计算式如式（4-3）所示：

$$P = \frac{(V_1 - \Delta V_1) + V_3}{(V_1 - \Delta V_1) + V_2 + V_3} \times 100\% \tag{4-3}$$

由于泡沫钛孔壁上微观小孔的体积随着造孔剂粒径的减小而减少（定性，见图4-6）。所以，V_3 随着造孔剂的粒径的减小而减小。那么，ΔV_1 随造孔剂大小的改变而发生何种变化呢？我们知道，烧结过程的驱动力是烧结系统自由能的降低（如式（4-4）所示），包括表面能和晶格畸变能[20]。前者指同气氛接触的颗粒和孔隙的表面自由能，后者指颗粒内由于存在过剩空位、位错及内应力所造成的能量增高[25]。

$$\Delta E = \gamma_{sv} \Delta A_{sv} + \gamma_{gb} \Delta A_{gb} \tag{4-4}$$

式中，E 为能量，J；γ 为比表面能，J/m^2；A 为面积，m^2；符号 Δ 为变化量；下标 sv（solid-vapor）和 gb（grain boundary）分别为固-气界面和晶界；$\gamma_{sv}\Delta A_{sv}$为烧结初期（烧结颈的形成阶段）的主要驱动力；$\gamma_{gb}\Delta A_{gb}$为烧结后期（闭孔球化和晶粒长大阶段）的主要驱动力，而在烧结中期（烧结颈长大阶段）的驱动力则由两者共同提供。

烧结体收缩、密度和强度增加是烧结颈长大阶段的主要特征[25]。因此，宏观大孔在烧结过程发生体积收缩也主要是在烧结颈长大阶段。随着造孔剂粒径的减小，会导致钛粉末压坯中钛-钛粉颗粒接触的数量减少，这意味着总晶界面积（ΔA_{gb}）的减少和固-气接触面积（ΔA_{sv}）的增加[20]。这一增一减使得烧结颈长大阶段的驱动力总体上相当。相对于大颗粒，小颗粒造孔剂脱除留下的宏观大孔由于粒径较小，在相同的驱动力下其体积收缩量将会出现微弱的增加。正如在 N. Tuncer 的研究中，压坯烧结前后的体积收缩量也是随着造孔剂粒径的减小而增大[20]。即随着造孔剂粒径的减小，ΔV_1 的值随之增大。可见，随着造孔剂粒径的减小，一方面宏观大孔在烧结过程的体积收缩量随之微弱的增加，另一方面孔壁上的微观小孔的体积随之微弱的减小。这两者共同使得烧结泡沫钛的孔隙率随着造孔剂粒径的减小而微弱地减小。

表 4-1 所示为本书和其他学者的研究结果的对比。其中，孔隙率差值为大颗粒泡沫钛的孔隙率减去小颗粒泡沫钛的孔隙率。从表 4-1 可以看到，本书的实验结果与 M. Sharma 的比较接近。但在 N. Tuncer 的研究中出现了相反的实验结果，即泡沫钛的孔隙率是随着造孔剂粒径的减小而微弱增大的。在 N. Tuncer 的论文中，是这样描述的：烧结泡沫的孔隙率随造孔剂粒径变化的变化规律与生压坯是一致的[20]。从 N. Tuncer 的研究结果来看，一方面烧结

泡沫的孔隙率随着造孔剂粒径的减小而增大[20]，另一方面生压坯的致密度随着造孔剂粒径的减小而增大[20]。虽然孔隙率和致密度都是随着造孔剂粒径的减小而增大，但是孔隙率和致密度却是两个相反的概念。N. Tuncer 或许将烧结泡沫的相对密度错写成了孔隙率，因为生压坯的致密度随着造孔剂粒径的减小而增大，这是没错的。单就 N. Tuncer 的研究结果来看，生压坯的致密度随着造孔剂粒径的减小出现了明显的增大。同时，N. Tuncer 的结果还表明减小造孔剂粒径有利于烧结。也就是说，减小造孔剂粒径有利于提高烧结驱动力，从而导致烧结泡沫的体积收缩量随着造孔剂粒径的减小而增大[20]。所以，烧结泡沫的孔隙率理应随着造孔剂粒径的减小而减小。

表 4-1　本书和其他学者制备的泡沫钛孔隙率差值的对比

作　者	大颗粒/μm	小颗粒/μm	孔隙率差值/%
Present	398	75	+5
M. Sharma	224	51	+7 ~ 10
N. Tuncer	400	120	-（1 ~ 2）

4.4　本章小结

（1）生压坯和烧结泡沫钛的孔隙率都随着造孔剂粒径的减小而微弱地减小。泡沫钛的孔径随着造孔剂粒径的减小而减小，孔壁厚度则趋于均匀。

（2）泡沫钛的杨氏模量随着造孔剂粒径的减小而微弱的增大，抗压强度则明显的增大。

（3）通过分析造孔剂大小对烧结泡沫的孔隙率的影响，结果表明泡沫钛的宏观大孔在烧结过程的体积收缩量随着造孔剂粒径的减小而微弱地增大。

参 考 文 献

[1] Ashby M F，Evans A G，Fleck N A，et al. Metal foams：a design guide [M]. Amsterdam：Elsevier，2000.

[2] Davies G J，Zhen S. Metallic Foams：Their Production，Properties and Applications [J]. Journal of Materials Science，1983，18：1899 ~ 1911.

[3] Banhart J. Manufacture，characterisation and application of cellular metals and metal foams [J]. Progress in Materials Science，2001，46：559 ~ 632.

[4] Mat Noor F，Zain M，Jamaludin K，et al. Potassium Bromide as Space Holder for Titanium

Foam Preparation [J]. Applied Mechanics and Materials, 2014, 465: 922 ~ 926.

[5] 奚正平，汤慧萍，王建永，等. 金属多孔材料力学性能的研究 [J]. 稀有金属材料与工程，2007，36：555 ~ 558.

[6] 张健，汤慧萍，奚正平，等. 高温气体净化用金属多孔材料的发展现状 [J]. 稀有金属材料与工程，2006，35：438 ~ 441.

[7] 汤慧萍，奚正平，廖际常，等. 金属多孔材料表面燃烧器的发展现状 [J]. 稀有金属材料与工程，2006，35：423 ~ 427.

[8] Lefebvre L P, Banhart J, Dunand D. Porous metals and metallic foams: current status and recent developments [J]. Advanced Engineering Materials, 2008, 10: 775 ~ 787.

[9] 汤慧萍，张正德. 金属多孔材料发展现状 [J]. 稀有金属材料与工程，1997，26：3 ~ 8.

[10] Dunand D C. Processing of titanium foams, [J]. Advanced Engineering Materials, 2004, 6: 369 ~ 376.

[11] Qiu G B, Xiao J, Zhu J, et al. Processing and mechanical properties of titanium foams enhanced by Er_2O_3 for biomedical applications [J]. Materials & Processing Report 2014, 29 (2): 118 ~ 123.

[12] Bram M, Stiller C, Buchkremer H P, et al. High-Porosity Titanium, Stainless Steel, and Superalloy Parts [J]. Advanced Engineering Materials, 2000, 2: 196 ~ 199.

[13] Wen C, Yamada Y, Shimojima K, et al. Processing and mechanical properties of autogenous titanium implant materials [J]. Journal of Materials Science: Materials in Medicine, 2002, 13: 397 ~ 401.

[14] Esen Z, Bor Ş. Processing of titanium foams using magnesium spacer particles [J]. Scripta Materialia, 2007, 56: 341 ~ 344.

[15] Torres Y, Pavon J J, Rodriguez J A. Processing and characterization of porous titanium for implants by using NaCl as space holder [J]. Journal of Materials Processing Technology2012, 212: 1061 ~ 1069.

[16] Bansiddhi A, Dunand D C. Shape-memory NiTi foams produced by solid-state replication with NaF [J]. Intermetallics, 2007, 15: 1612 ~ 1622.

[17] Chino Y, Dunand D C. Creating aligned, elongated pores in titanium foams by swaging of preforms with ductile space - holder [J]. Advanced Engineering Materials, 2009, 11: 52 ~ 55.

[18] Mansourighasri A, Muhamad N, Sulong A. Processing titanium foams using tapioca starch as a space holder [J]. Journal of Materials Processing Technology, 2012, 212: 83 ~ 89.

[19] Tuncer N, Arslan G. Designing compressive properties of titanium foams [J]. Journal of Materials Science, 2009, 44: 1477 ~ 1484.

[20] Tuncer N, Arslan G, Maire E, et al. Investigation of spacer size effect on architecture and mechanical properties of porous titanium [J]. Materials Science and Engineering A, 2011, 530: 633 ~ 642.

[21] Gibson L J, Ashby M F. Cellular solids: structure and properties [M]. Cambridge: Cambridge University Press, 1999.

[22] Sharma M, Gupta G, Modi O, et al. PM processed titanium foam: influence of morphology and content of space holder on microstructure and mechanical properties [J]. Powder Metallurgy, 2012, 56: 55 ~ 60.

[23] Niu W, Bai C, Qiu G B, et al. Processing and properties of porous titanium using space holder technique [J]. Materials Science and Engineering a-Structural Materials Properties Microstructure and Processing, 2009, 506: 148 ~ 151.

[24] Torres Y, Rodriguez J A, Arias S, et al. Processing, characterization and biological testing of porous titanium obtained by space-holder technique [J]. Journal of Materials Science, 2012, 47: 6565 ~ 6576.

[25] 黄培云. 粉末冶金原理 [M]. 北京: 冶金工业出版社, 1997.

5 泡沫钛的孔隙率和力学性能重复性初探

5.1 概述

近年来，泡沫钛作为一种新型泡沫金属受到了越来越多的关注。它融合了多孔结构和钛的双重属性，具有出色的力学性能、优异的耐腐蚀性和良好的生物相容性[1]，在生物医学、航空航天、化学反应工程等领域展现出诱人的应用前景[2,3]。然而，这种材料目前还严重缺乏大规模的商业化应用。这既跟现有的研究条件和水平有关，也跟人们对于这一材料的认识有关。作为产品大批量的生产环境，重复制造可以帮助人们加快实施泡沫钛的商业化进程。因此，研究泡沫钛的重复性生产具有重要的意义。

造孔剂法是制备泡沫钛的常见方法。临时材料就是我们所说的造孔剂，如文献中出现次数较多的尿素、碳酸氢铵和氯化钠[4,5]。此方法的优势在于孔结构和性能可自由地通过造孔剂的相关参数（如含量、尺寸大小和形状）进行调控。泡沫金属的孔结构主要是孔隙率、孔的开/闭程度、结构的各向异性和缺陷（如波形的、弯曲的或者破坏的孔壁和异常孔径或形状的孔）[6]。其中，孔隙率是最为重要的单一结构参数[7]。它的值取决于造孔剂的添加量、支架孔（即造孔剂脱除留下的孔洞）在烧结过程的体积收缩量和孔壁上微观小孔（由钛粉不完全烧结所产生的）的体积。通常，孔隙率被设计成等于造孔剂含量。但是，由于支架孔的体积收缩和孔壁上的微观小孔，在大量的文献中两者经常不相等。并且，大多数是孔隙率小于造孔剂含量。在第 3 和 4 章的研究工作中发现，无论是改变造孔剂含量和尺寸大小，结果都显示孔隙率小于造孔剂含量[8,9]。在第 5 章中，分析表明这是由于支架孔在烧结过程发生体积收缩所导致的，并证明得到它还是造孔剂法的显著现象。作为各种工程设计参数的主要依据，泡沫金属的力学性能直接依赖于它的孔结构。Gibson 和 Ashby 两人在这方面进行了大量的研究，建立了力学性能和孔隙率的数学关系，这就是著名的 Gibson 和 Ashby 模型方程。例如，开孔泡沫金属的相对杨氏模量与相对密度的平方成正比，即 $E/E_s=(1-P)^2$[7]（式中，E 和 P 分别为杨氏模量和孔隙率，下标 s 表示基体材料的属性）。这个方程是基于简单立方体构建的理想模型。而实际制备泡沫钛的孔结构是复杂有缺陷的如孔的形状不规则、孔的分布呈无序状以及孔壁不致密等。所以，有很多学者获得了实际的方程如 $E/E_s=1.598(1-P)^{4.72}$[10]、$E/E_s=0.193(1-P)^{1.43}$[11]及 $E/E_s=A(1-P)^{2.96}$[12]。除了构建力学性能和孔结构的关系，还有大量的文献研究了工艺参数对泡沫钛力学性能的影响。这些参数主要是源于造孔剂和制备过程。例如，Lee 等人[13]比较了不同类型造孔剂制备泡沫钛的力学性能；Sharma 等人[14]研究了造孔剂的添加量和形状对泡沫钛力学性能的影响；Tuncer 等人[15,16]研究了造孔剂大小对泡沫钛力学性能的影响；Liu 等人[17]研究了开孔泡沫钛压缩性能的温度相依性；Lefebvre 等人[18]研究了杂质元素（即氧、氮及碳）对泡沫钛压缩性能的影响；Qiu 等人[19]研究了稀土氧化物 Er_2O_3 对泡沫钛力学性能的影响。此外，还有少量的文献研究了开孔泡沫钛的静态/循环压缩、弯曲、扭转以及拉伸性能[20]。然而，这些工作都没有将力学性能的重复性考虑进去，尽管部分研究中力学性能是多个试样的平均值。在前期的探索工作中发现平行试样的应力-应变曲线存在明显的差异。并且，这种差异在改变造孔剂的含量或尺寸大小时有所不一样。然而，是什么原因导致了泡沫钛力学性能出现差异及如何来描述差异性还没有文献报道。

因此，本章将对泡沫钛力学性能的重复性进行研究。用重复性来描述一组数据的差异性，用相对标准偏差（relative standard deviation，RSD）来表示重复性。相对标准偏差通过检测数据的标准偏差（standard deviation，SD）和平均值（average，AVG）计算而得，即 RSD = SD/AVG。相对标准偏差越小，重复性越好。由于泡沫金属的力学性能依赖于它的孔结构，本章也将探索孔结构中最重要的参数——孔隙率的重复性，即探寻力学性能的重复性是否跟孔隙率的重复性有关。由于第 3 和 4 章的工作中考察过造孔剂的含量和尺寸大小对泡沫钛孔隙结构和压缩力学性能的影响，所以本章也将考察这两个造孔剂参数对孔隙率和力学性能重复性的影响。

5.2 材料与方法

平均粒径为 32μm 的商业高纯钛粉（纯度和氧含量分别为 99.3% 和

0.5%）购自中国北京兴荣源有限公司，采用氢化-脱氢法制备。针状尿素颗粒（纯度≥99.0%）购自中国成都市科龙化工试剂厂。经过 40～60 目（250～420μm）和 120～150 目（100～125μm）的筛子筛分后，得到平均粒径分别为 398μm 和 75μm 的造孔剂颗粒。钛粉和尿素的扫描电镜微观形貌如图 5-1 所示。

图 5-1　原料的扫描电镜图片
（a）钛粉；（b）398μm 尿素颗粒；（c）75μm 尿素颗粒

基于初步探索，实验设计 3 组，每组 3 个试样。每一组试样造孔剂的含量和粒径见表 5-1。

表 5-1 不同组试样造孔剂的含量和粒径

编 号	造孔剂含量/%	造孔剂粒径/μm
1 号	80	398
2 号	70	398
3 号	70	75

泡沫钛的制备过程如下：首先，将称量好的钛粉和尿素在研体中均匀混合 2～3min。接着，将混合物料置于钢质模具（直径为 16mm，高为 50mm）中在压机下压制成圆柱形生压坯（压力为 200MPa；保压时间 45s）。然后，将生压坯置于真空碳管炉内进行热处理。热处理过程分两步：（1）先低真空下脱除尿素，温度达到 460℃时停炉冷却，得到不含造孔剂的支架；（2）再将支架在高纯氩气保护气氛下于 1250℃烧结 2h（加热速率 10℃/min），最后随炉冷却至室温。

利用扫描电镜观察试样的微观形貌，利用新三思万能电子实验机（型号：CMT-5150）测试试样的压缩性能，压头移动速率为 1.5mm/min。

5.3 结果

图 5-2 所示为第一组试样的宏观形貌。由图 5-2 可见，泡沫钛外观尺寸规则，颜色为银白色。这 3 个试样由相同的造孔剂含量和尺寸大小制备得到，其他两组同样是如此。选择其一进行电镜观察，获得泡沫钛的微观形貌。孔隙率和力学性能是 3 个试样的平均值。

图 5-2 同组（第一组）三个泡沫钛试样的宏观形貌

图 5-3 所示为泡沫钛试样的扫描电镜微观形貌图。其中，图 5-3（d）、

(e)、(f) 是所对应图 5-3(a)、(b)、(c) 中孔壁的放大图。为了获得足够多的信息量，第三组比例尺和前两组不一样，这主要是因为该组采用的造孔剂尺寸更小。这三个试样是从它们所在的组当中随机选取的。由图 5-3 可见，第二组试样（见图 5-3(b)）孔与孔之间是连通的，形成了开孔结构。孔的形状呈针状，保持着造孔剂的形状。孔的分布不均匀，呈现随机性分布，这也导致孔壁及其厚度分布不均匀。当增大造孔剂的含量，即第一组试样（见图 5-3(a)），此时，孔与孔之间的连通性有所增大，孔径有所增大，孔的分布更加均匀，孔壁厚度变薄但其分布更加均匀。孔径增大是因为孔的数量在增加，彼此之间连在一起形成新的大孔。当减小造孔剂的尺寸大小，即第三组试样（见图 5-3(c)）。孔径明显减小，孔的分布更加均匀，孔壁厚

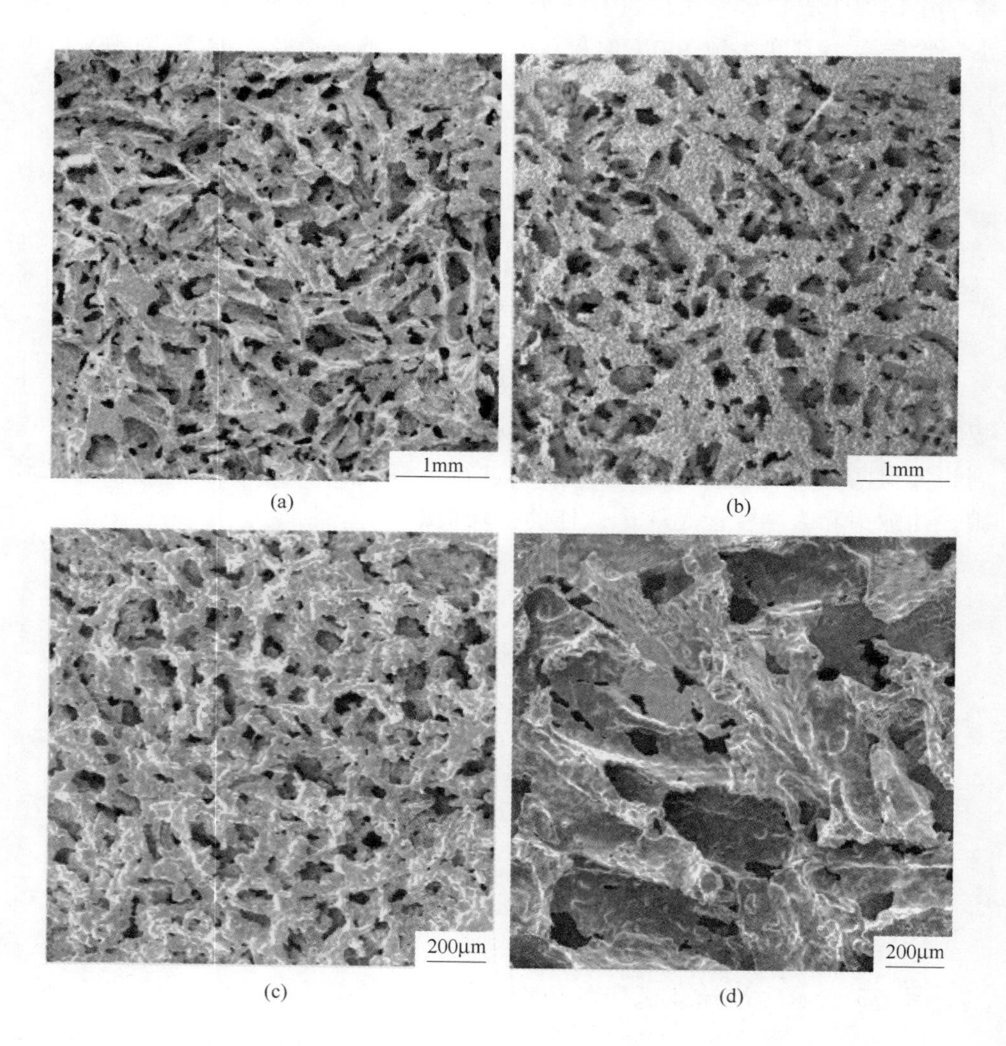

(a)　(b)　(c)　(d)

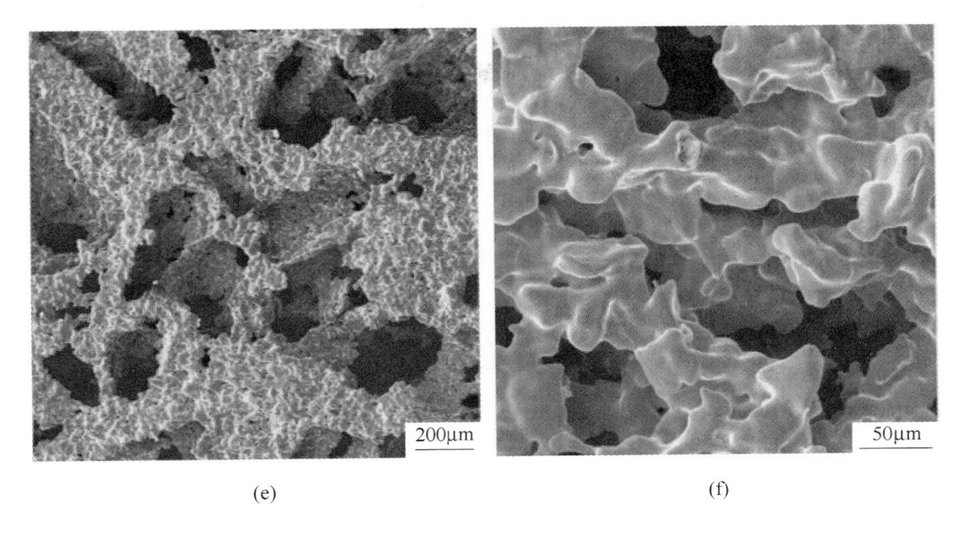

(e) (f)

图 5-3 每组随机选择泡沫钛的扫描电镜图片

(a), (d) 1 号; (b), (e) 2 号; (c), (f) 3 号

度及其分布更加均匀。这三组试样都是开孔型泡沫钛。可以明显观察到的是宏观大孔，它们是造孔剂脱除留下的孔洞经过烧结得到。孔壁的放大图（见图 5-3（d）、（e）、（f））可以看到泡沫钛的微细结构。第二组试样（见图 5-3（e））的孔壁可以明显观察到微观小孔，它们是由于钛粉的不完全烧结所产生的。但是，随着造孔剂含量的增加或粒径的减小，孔壁更加致密，微观小孔的体积和数量几乎可以忽略不计（见图 5-3（d）和（f））。这意味着制备小粒径高孔隙度泡沫钛时钛粉烧结更充分，骨架更致密。孔壁包含微观小孔是造孔剂法制备泡沫钛的缺陷，这在其他学者的工作中也有这样的发现[10,11,15,21,22]。

表 5-2 列出了试样的孔隙率和它们的平均值及相对标准偏差。由表 5-2 可见，第一、二和三组的孔隙率平均值分别是 71.4%、62.8% 和 58%。它们的值都小于相对应的造孔剂含量。导致这一现象的原因在第 6 章中有专题论述。减小造孔剂的尺寸大小，减小了孔隙率。第 4 章中分析过孔隙率随着造孔剂粒径减小而减小的原因，它是由于支架孔（即造孔剂脱除留下的孔洞）烧结过程的体积收缩量随着造孔剂粒径的减小而增大所导致的[23]。还可以看到，同组试样的孔隙率非常接近，而它们的相对标准偏差值全部小于 1%。在这种情况下，同组泡沫钛试样孔隙率的差异性可以忽略不计，这意味着孔隙率具有可重复性。

表 5-2　每组泡沫钛试样的孔隙率及其平均值和相对标准偏差

编号	孔隙率/%		
	单个值	平均值	相对标准偏差
1 号	62.8	62.8	0.4
	62.5		
	63		
2 号	71.3	71.4	0.9
	70.9		
	72.1		
3 号	58.5	58	0.8
	57.8		
	57.6		

图 5-4 所示为泡沫钛试样的工程应力-应变曲线。通常，理想泡沫金属的应力-应变曲线具有 3 个典型的阶段，即弹性阶段、应力平台阶段和致密化阶段[7]。但是，本实验获得的泡沫钛在平台阶段发生了非均匀性塑性变形，出现了坍塌现象。所以，它们的应力-应变曲线没有出现理想泡沫金属所具有的典型特征。由图 5-4 可见，随着应变的增加，应力变化曲线存在明显的差异，尤其是第二组。当增大造孔剂的含量（第一组）或减小其粒径（第三组），应力变化趋于一致。

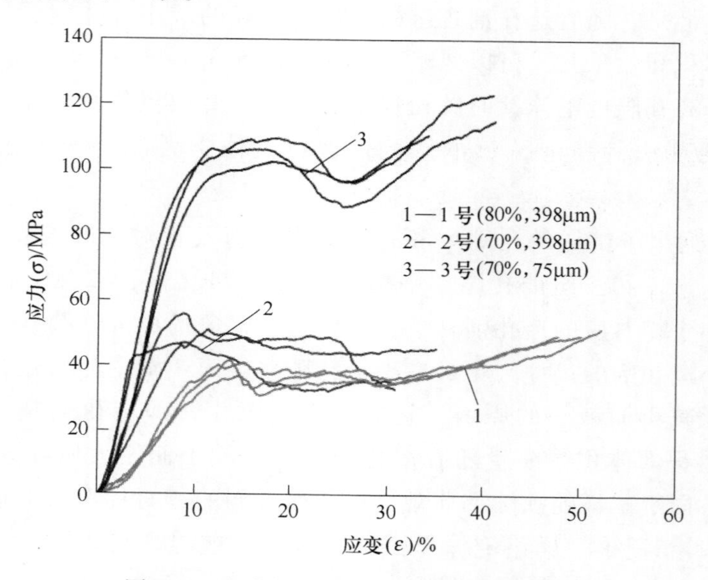

图 5-4　泡沫钛试样的工程应力-应变曲线

表5-3列出了泡沫钛试样的力学性能和它们的平均值及相对标准偏差。力学性能主要是杨氏模量和抗压强度。其中，杨氏模量是应力-应变曲线弹性部分的斜率，抗压强度是材料抵抗以同一轴线施加压力的强度极限。由表5-3可见，减小造孔剂的含量或粒径，提高了泡沫钛的力学性能。跟孔隙率的重复性相比，力学性能的重复性不好，特别是第二组。当增大造孔剂的含量或减小其粒径，力学性能的相对标准偏差值减小，即力学性能的重复性有所提高。

表5-3 每组泡沫钛试样的力学性能和它们的平均值以及相对标准偏差

编号	杨氏模量/GPa			抗压强度/MPa		
	单个值	平均值	相对标准偏差/%	单个值	平均值	相对标准偏差/%
1号	0.4	0.41	3.7	36.6	39.5	6.5
	0.41			40.6		
	0.43			41.4		
2号	0.58	0.79	27.2	46.9	51.2	8.7
	0.78			51		
	1.01			55.8		
3号	1.06	1.12	9.8	102.4	106.1	3.4
	1.06			106.3		
	1.25			109.5		

5.4 讨论

在孔隙率具有可重复性的情况下，泡沫钛的力学性能出现了重复性差的问题。另一方面，提高造孔剂的含量或者增大其粒径，有利于提高力学性能的重复性。那么，导致力学性能重复性差的原因是什么，力学性能重复性提高的原因又是什么？这是本节需要讨论的问题。

在本章前言中提到，泡沫金属的力学性能直接依赖于它的孔结构。也就是说，力学性能的重复性跟孔结构的重复性有关。孔隙率作为泡沫金属最为重要的单一结构参数，本章的结果表明它是具有可重复性的。如果根据经典的Gibson-Ashby模型方程（即 $E/E_s=(1-P)^2$），杨氏模量也应当是具有可重复性的。但是，本章的结果却相反。这告诉我们，导致力学性能重复性差的原因应该是其他孔结构重复性差所导致的。除了孔隙率，泡沫金属的孔结构还包括孔的开/闭程度、结构的各向异性和缺陷（如波形的、弯曲的或者破裂的孔壁和异常孔径或形状的孔）。对于同组泡沫钛试样，它们所包含的孔结构如孔的开/闭程度、孔径大小及其分布和孔的形状几乎是一致的。由于泡沫钛试样的力学性能都是沿着压制方向获得的，而各向异性指的是单个泡沫结构的性能沿不同方向有所不同，所以这个孔结构参数也可以排除。至于孔的分布，这是极有可能的。

在本研究中，同组泡沫钛试样添加的造孔剂的含量是相同的，而造孔剂的尺寸大小和形状等参数也可以近似认为是相同的。如果把制备过程分为四步：钛粉和造孔剂的混合、混合物料的压制、造孔剂的脱除和钛骨架的烧结[24]，那么同组试样的生压坯中造孔剂颗粒的分布是不同的。这是因为，生压坯中造孔剂颗粒的分布具有不可控性。众所周知，造孔剂脱除后会留下相应的孔洞，这些孔洞经过烧结就形成了泡沫钛的宏观大孔，其示意图如图 5-5 所示。

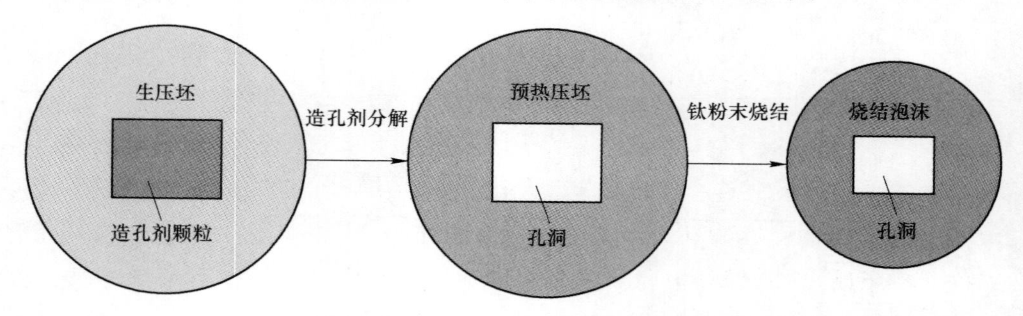

图 5-5　造孔剂法制备烧结泡沫钛的孔形成过程的示意图

由于生压坯中造孔剂颗粒的分布不同，它们制备得到的泡沫钛的宏观大孔的分布也是不同的。图 5-6 所示为生压坯和泡沫钛的扫描电镜图片。可以看到，生压坯的造孔剂颗粒和泡沫钛的宏观大孔的分布都呈随机性分布。这不仅在本书研究中有这样的发现，在其他学者的研究中也有这样的发现。比方说，在 M. Sharma 等人[21]的研究中，其也是采用针状尿素作为造孔剂进行泡沫钛的制备。此外，在其他学者研究中无论是采用球形状还是不规则状造孔剂，制备的泡沫钛宏观大孔的分布都是呈随机性，比如说，Bram[5]、Esen[10]、Niu[11]、Tuncer[15,16]、Ye[4]、Mansourighasri[12]、Smorygo[25]、Torres[26,27]、Jakubowicz[22]及 Jha[28]等。由于同组泡沫钛试样宏观大孔的分布具有不可控性，这会导致孔壁的分布具有不可控性，进而出现同组泡沫钛试样沿着压制方向孔壁分布不同。孔壁分布不同会导致孔壁的厚度、致密度及缺陷等参数具有不可控性。我们知道，孔壁是开孔泡沫金属承受载荷的部位，所以，泡沫钛力学性能重复性差主要归因于工艺中微细结构及缺陷的不可控性等因素造成的。

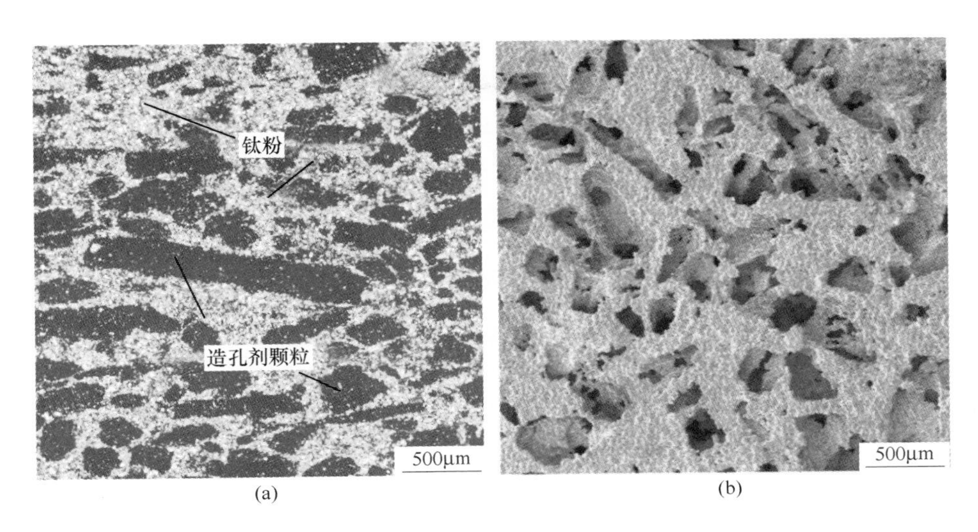

图 5-6 试样的扫描电镜图片
(a) 生压坯；(b) 泡沫钛

为了更好地佐证解释，我们用有限元模拟来进行简单初步的二维模型验证。建模过程主要包括以下几个步骤：建立几何模型、定义物理参数、网格划分、求解和可视化后处理。假设泡沫钛的二维平面包含长方形宏观大孔，孔壁是完全致密的。模拟过程采用均一的位移条件对材料施加载荷，即在模型的上部施加均匀向下的位移。从结果可以看到，无论是改变孔的方向还是它的位置，模拟试样的应力分布都不一样，如图 5-7 所示。实际制备泡沫钛宏观大孔在二维平面不仅包括位置也包括三维方向上的随机性分布。如果扩展到三维空间，孔的分布更具随机性。虽然这仅仅是简单初步的模拟，但结果还是能够很好地验证本章获得的结论。

严格意义上讲，宏观大孔的分布不可控性或许是造孔剂法制备泡沫钛的缺点。所以，出现孔壁不完全致密及缺陷也就不足为奇了。当然，可以通过一定的方式来克服这个缺点，比如本书中所采用的增大造孔剂的含量或减小其尺寸大小。此时，宏观大孔的分布趋于均匀的同时减少了孔壁缺陷，从而提高了泡沫钛力学性能的重复性。从工艺的角度看，这是提高泡沫钛力学性能重复性的一种途径。而从设计机制的角度看，则应当朝着提高泡沫钛宏观大孔的分布均匀度和减少孔壁缺陷的方向。除了本章研究的杨氏模量和抗压强度，其他力学性能的重复性或许也有类似的发现。本章的研究还处于初步探索，如何将本章的研究应用于实际泡沫钛的重复性生产则还需要今后继续展开研究。

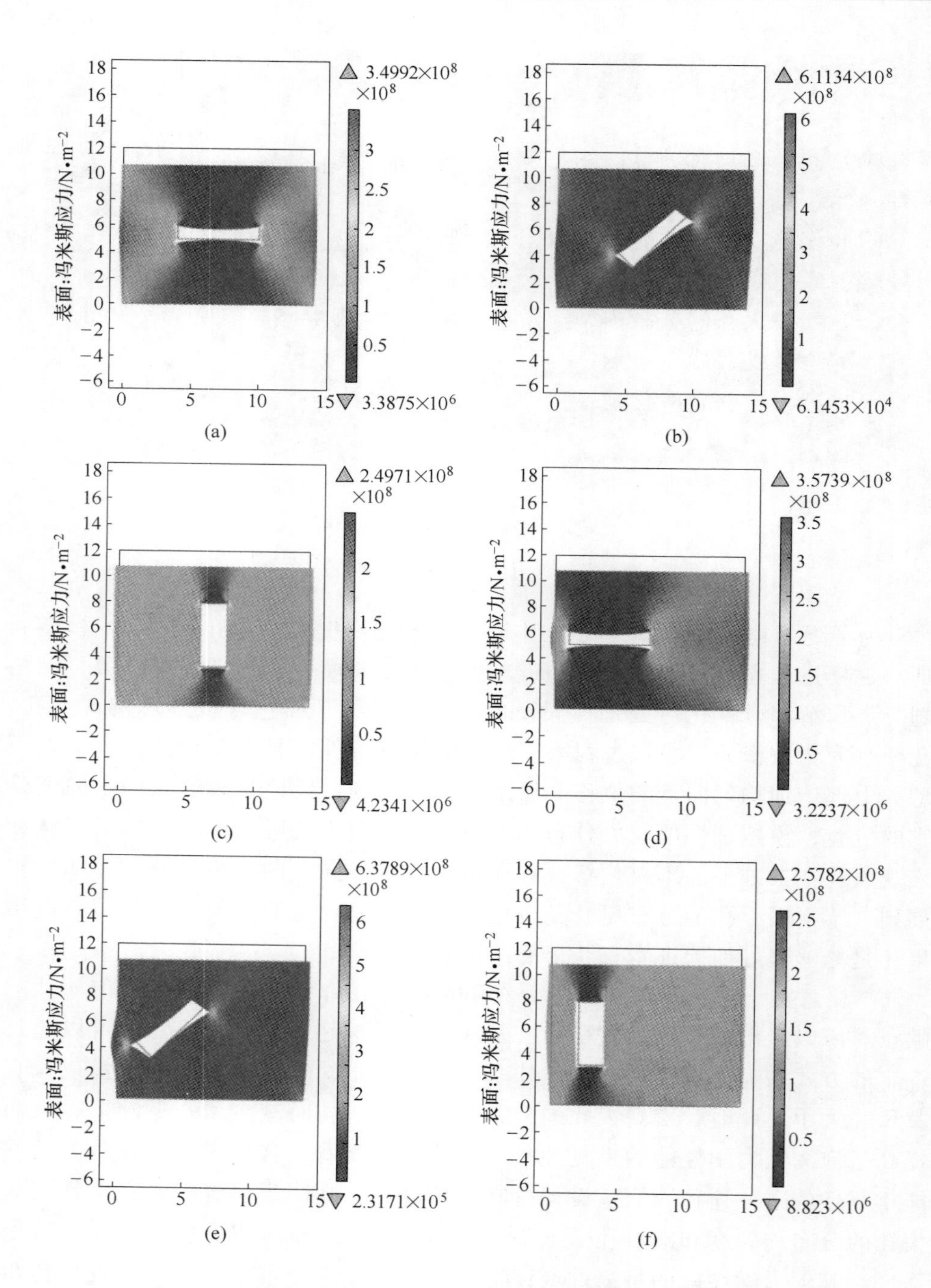

图 5-7　基于二维有限元数值模拟的泡沫钛的平面应力分布图

(a)～(c) 当孔的方向改变时；(d)～(f) 当孔的位置改变时

5.5 本章小结

（1）孔隙率具有可重复性，而压缩力学性能如杨氏模量和抗压强度的重复性差。

（2）泡沫钛力学性能重复性差主要归因于工艺中微细结构和孔壁缺陷不可控等因素造成的。

（3）宏观大孔的分布不可控性是造孔剂法制备泡沫钛的缺点。通过增大造孔剂的含量或者减小其尺寸大小，有利于提高宏观大孔分布均匀度。这同时也是提高力学性能重复性的一条可行的工艺路径。

参 考 文 献

[1] Dunand D C. Processing of titanium foams [J]. Advanced Engineering Materials, 2004, 6: 369 ~ 376.

[2] Singh R, Lee P D, Dashwood R J, et al. Titanium foams for biomedical applications: A review [J]. Materials Technology, 2010, 25: 127 ~ 136.

[3] 王英波，鲁雄，冯波，等. 泡沫复制法制备多孔钛及表面水热碱处理改性 [J]. 功能材料，2009，40：2050 ~ 2053，2057.

[4] Ye B, Dunand D C. Titanium foams produced by solid-state replication of NaCl powders [J]. Materials Science and Engineering A, 2010, 528: 691 ~ 697.

[5] Bram M, Stiller C, Buchkremer H P, et al. High-porosity titanium, stainless steel, and superalloy parts [J]. Advanced Engineering Materials, 2000, 2: 196 ~ 199.

[6] Ashby M F, Evans A G, Fleck N A, et al, Metal foams: a design guide [M]. Amsterdam: Elsevier, 2000.

[7] Gibson L J, Ashby M F, Cellular solids: structure and properties [M]. Cambridge: Cambridge University Press, Cambridge, 1999.

[8] 肖健，邱贵宝，廖益龙，等. 尿素作为造孔剂制备泡沫钛的结构和力学性能 [J]. 稀有金属材料与工程，2015，44：1724 ~ 1729.

[9] 肖健，邱贵宝，廖益龙，等. 造孔剂大小对泡沫钛孔隙结构的影响 [J]. 稀有金属材料与工程，2015，44：2583 ~ 2588.

[10] Esen Z, Bor Ş. Processing of titanium foams using magnesium spacer particles [J]. Scripta Materialia, 2007, 56: 341 ~ 344.

[11] Niu W, Bai C G, Qiu G B, et al. Processing and properties of porous titanium using space holder technique [J]. Materials Science and Engineering a-Structural Materials Properties

Microstructure and Processing, 2009, 506: 148 ~ 151.

[12] Mansourighasri A, Muhamad N, Sulong A. Processing titanium foams using tapioca starch as a space holder [J]. Journal of Materials Processing Technology, 2012, 212: 83 ~ 89.

[13] Lee B, Lee T, Lee Y, et al. Space-holder effect on designing pore structure and determining mechanical properties in porous titanium [J]. Materials & Design, 2014, 57: 712 ~ 718.

[14] Sharma M, Gupta G K, Modi O P, et al. PM processed titanium foam: influence of morphology and content of space holder on microstructure and mechanical properties [J]. Powder Metallurgy, 2013, 56: 55 ~ 60.

[15] Tuncer N, Arslan G. Designing compressive properties of titanium foams [J]. Journal of Materials Science, 2009, 44: 1477 ~ 1484.

[16] Tuncer N, Arslan G, Maire E, et al. Investigation of spacer size effect on architecture and mechanical properties of porous titanium [J]. Materials Science and Engineering A, 2011, 530: 633 ~ 642.

[17] Liu X, Ma M, Wang X, et al. Temperature-dependence of mechanical properties of open-cell titanium foam [J]. Rare Metal Materials and Engineering, 2008, 37: 277 ~ 280.

[18] Lefebvre L P, Baril E, de Camaret L. The effect of oxygen, nitrogen and carbon on the microstructure and compression properties of titanium foams [J]. Journal of Materials Research, 2013, 28: 2453 ~ 2460.

[19] Qiu G B, Xiao J, Zhu J Y, et al. Processing and mechanical properties of titanium foams enhanced by Er_2O_3 for biomedical applications [J]. Materials Technology, 2014, 29: 118 ~ 123.

[20] Imwinkelried T. Mechanical properties of open - pore titanium foam [J]. Journal of Biomedical Materials Research Part A, 2007, 81: 964 ~ 970.

[21] Sharma M, Gupta G K, Modi O P, et al. Titanium foam through powder metallurgy route using acicular urea particles as space holder [J]. Materials Letters, 2011, 65: 3199 ~ 3201.

[22] Jakubowicz J, Adamek G, Dewidar M. Titanium foam made with saccharose as a space holder [J]. Journal of Porous Materials, 2013, 20: 1 ~ 5.

[23] Xiao J, Qiu G B, Liao Y L, et al. The effects of spacer size on pore structure of titanium foams [J]. Rare Metal Materials and Engineering, 2015, 44 (10): 2583 ~ 2588.

[24] Arifvianto B, Zhou J. Fabrication of metallic biomedical scaffolds with the space holder method: a review [J]. Materials, 2014, 7: 3588 ~ 3622.

[25] Smorygo O, Marukovich A, Mikutski V, et al. High-porosity titanium foams by powder coated space holder compaction method [J]. Materials Letters, 2012, 83: 17 ~ 19.

[26] Torres Y, Pavon J J, Rodriguez J A. Processing and characterization of porous titanium for implants by using NaCl as space holder [J]. Journal of Materials Processing Technology, 2012, 212: 1061 ~ 1069.

[27] Torres Y, Rodriguez J A, Arias S, et al. Processing, characterization and biological testing of porous titanium obtained by space-holder technique [J]. Journal of Materials Science, 2012, 47: 6565 ~ 6576.

[28] Jha N, Mondal D, Dutta Majumdar J, et al. Highly porous open cell Ti-foam using NaCl as temporary space holder through powder metallurgy route [J]. Materials & Design, 2013, 47: 810 ~ 819.

6　论宏观大孔在泡沫钛烧结过程的体积变化

6.1　概述

泡沫钛融合了多孔结构和钛的双重属性，是近年来出现的一类新型功能材料。和传统的致密钛相比，它们在航空航天、汽车、生物医学和化工催化等领域已逐渐显现出更加诱人的应用前景。这主要得益于它们的出色的力学性能、优异的耐腐蚀性和良好的生物相容性[1]。众所周知，这些性质严重依赖于泡沫体的孔结构。所以，研究泡沫钛的孔结构具有重要的意义。

泡沫金属的孔结构主要是孔隙率，孔的拓扑结构（开孔、闭孔），孔的大小、形状和各向异性[2]。在它们当中，孔隙率被认为是最为重要的单一结构参数[3]。它的值通常是被设计成等于造孔剂含量，当采用泡沫钛由造孔剂法制备得到。这种方法通过脱除一种临时材料进行造孔，如常见的尿素[4]、碳酸氢铵[5]和氯化钠[6]。近来也出现了新的造孔剂，如淀粉[7]、蔗糖[8]和空心微珠[9]。在第3章的研究中，采用针状尿素作为造孔剂。在其添加量为60%～80%的情况下制备出了孔隙率为50.2%～71.4%的泡沫钛[10]。然而，这个研究结果表明孔隙率小于造孔剂含量。而当作者改变造孔剂的尺寸大小时，孔隙率还是小于造孔剂含量[11]。而且，孔隙率是具有可重复性[12]。在其他学者的工作中，同样出现了孔隙率小于造孔剂含量。Y. Torres 等人[13]推测这是金属骨架在烧结过程收缩所导致的结果。但是，Y. Torres 的论文还缺乏从宏观大孔烧结前后体积变化的角度来进一步分析研究。而且，Y. Torres 的观点引用了 A. Laptev 的工作[14]，而 A. Laptev 的研究结果显示所制备得到的泡沫试样烧结前后发生轴向和径向收缩，导致孔隙率小于造孔剂含量。另一方面，尽管 A. Laptev 根据试样的二维光学显微图片认为宏观大孔在烧结过程近乎保持不变甚至有所长大[14]，但接下来其他学者的3D X射线计算机显微成像结果却表明宏观大孔在烧结过程体积收缩[15]。而且，孔隙率也是小于造孔剂含量。然而，宏观大孔在烧结过程究竟发生何种体积变化？它们的变化又会导致孔隙率与造孔剂含量存在何种关系？这是已有文献仍未解决的问题。

因此，本章的目的就是要证明宏观大孔在泡沫钛烧结过程发生何种体积变化。本章直接选取前几章的部分实验结果，并结合其他学者的工作进行分析讨论。

6.2 泡沫钛的制备与表征

首先，将钛粉和造孔剂颗粒在研体中混合 2~3min 后装入钢质模具（直径为 16mm，高为 50mm）。然后，混合物料在压机下压制成圆柱形生压坯（压力为 200MPa，保压时间 45s）。最后，将生压坯置于真空碳管炉内进行热处理，热处理过程分两步：（1）先在高真空下（约 10^{-2}Pa）缓慢加热脱除造孔剂（脱除尿素后的钛骨架称为预加热试样），温度达到 460℃时停炉冷却；（2）再将预加热试样在高纯氩气保护气氛下于 1250℃烧结 2h，最后随炉冷却至室温（更多的细节参考本书第 3 章）。图 6-1 所示的是第 3 和 4 章中改变造孔剂含量或尺寸大小时泡沫钛的孔隙率[16,17]。

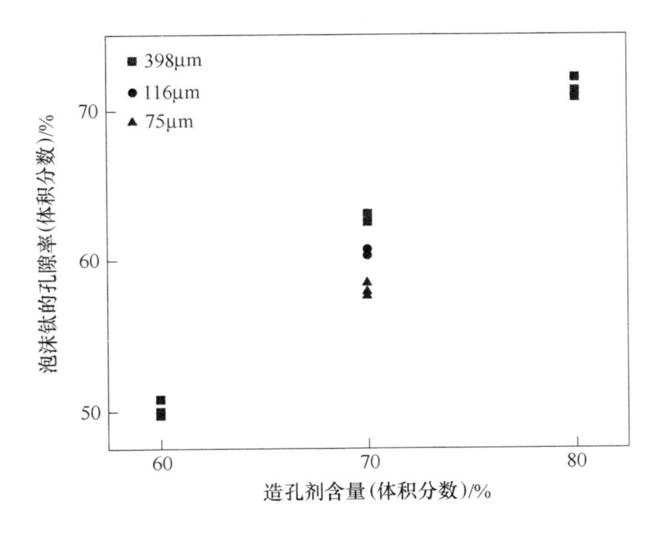

图 6-1 当改变造孔剂的含量和尺寸大小时所获得的泡沫钛的孔隙率[10~12]

图 6-2 所示为烧结泡沫试样和生压坯的宏微观形貌。其中，3 个烧结泡沫是平行试样（即一样的原料和制备过程）。白色和黑色箭头分别表示烧结

泡沫中宏观大孔和微观小孔的形成过程，生压坯的二次电子和背散射图片非常形象地描绘出了一颗造孔剂脱除后所留下孔洞的形貌。

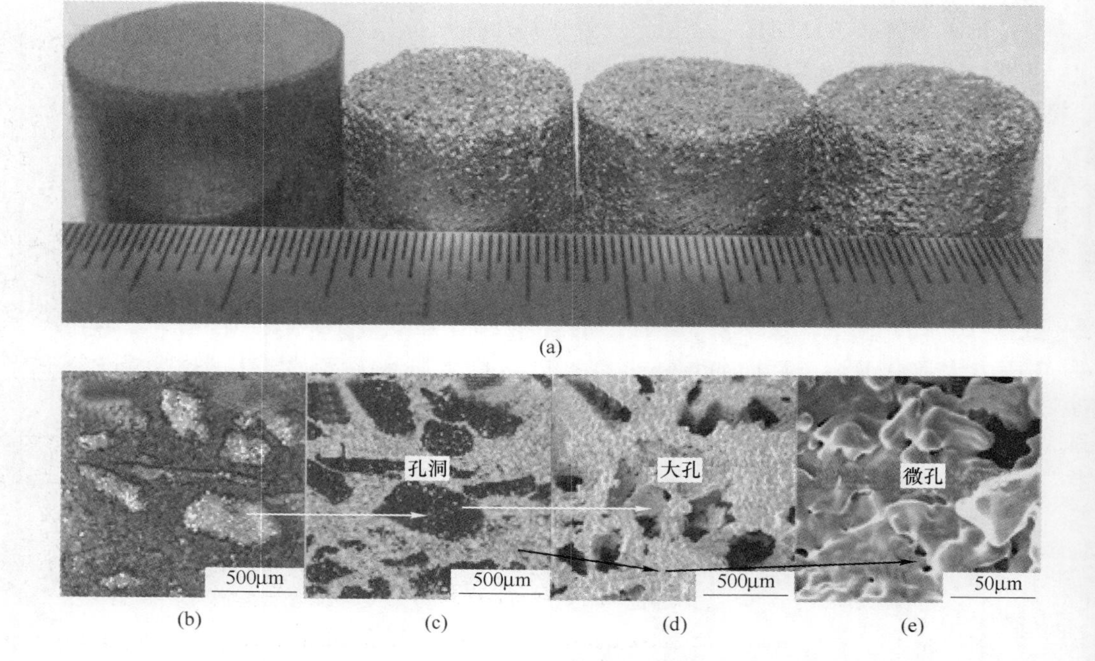

图 6-2　泡沫钛烧结前后的宏微观形貌

（a）左一为生压坯，右三为造孔剂含量相同的烧结体；（b）生压坯表面的扫描电镜图片；（c）生压坯表面的背散射图片；（d），（e）泡沫试样微观结构的扫描电镜图片

由图 6-2 可见，烧结体的尺寸沿着压制和直径方向都小于生压坯（见图 6-2（a））。这是金属骨架在烧结过程收缩的结果。生压坯表面的扫描电镜图片显示它包含钛粉和造孔剂颗粒（见图 6-2（b））。当造孔剂颗粒完全脱除后，此时的生压坯称之为支架。实验过程中发现，精确表征一颗造孔剂和它脱除留下的孔洞是非常困难的，因为前者在生压坯中而后者在支架中，这会导致两者图片的定位不一致。但是，它的背散射图片却能够很好地表征出来（见图 6-2（c））。其中，黑色大孔洞为造孔剂颗粒，白色区域为钛粉，小黑点为间隙小孔。黑色大孔洞就是造孔剂颗粒脱除后在支架中留下的孔洞。支架孔和间隙小孔经过烧结就在泡沫试样中形成宏观大孔（见图 6-2（d））和微观小孔（见图 6-2（e））。而图 6-3 则生动地描述了本章的研究目的。

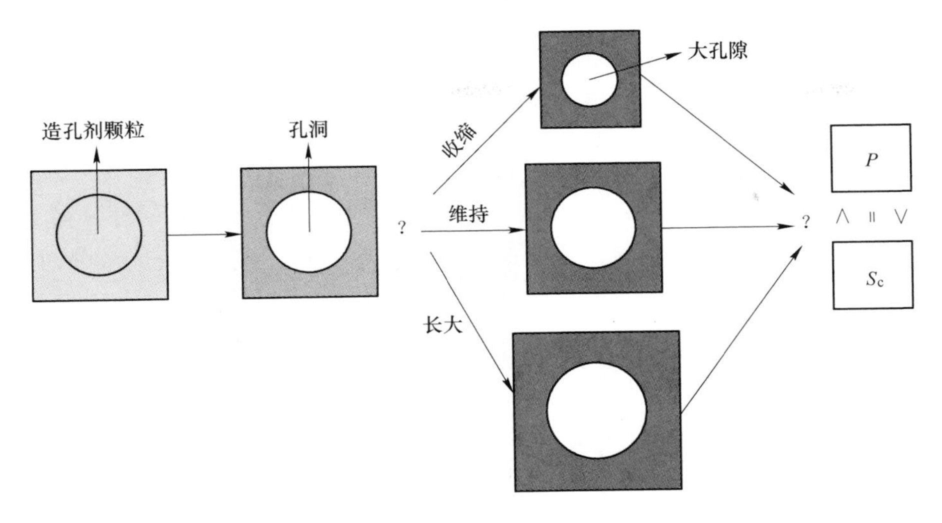

图 6-3 本章研究目的示意图

6.3 观点的提出

造孔剂的添加量是基于孔壁完全致密的理想泡沫钛确定得到的，其三维模型如图 6-4 所示。图 6-4（a）设计用于确定造孔剂含量的孔壁完全致密的理想泡沫钛，图 6-4（b）、（c）、（d）所示为制备得到的孔壁包含微观小孔的理想泡沫钛，它们的宏观大孔在烧结过程的体积变化对应于图 6-4（a）分别是收缩、不变、膨胀。

由于宏观大孔的体积就是造孔剂的体积，骨架的体积就是钛粉的体积，造孔剂含量的计算式如式（6-1）所示。

$$S_c = \frac{V_1}{V_1 + V_2} \tag{6-1}$$

式中，S_c 为造孔剂含量；V_1，V_2 分别为造孔剂和钛粉的体积。

用 ΔV_1 来表示宏观大孔在烧结过程的体积变化，则孔隙率的计算式如式（6-2）所示。

$$P = \frac{V_1 + \Delta V_1 + V_3}{V_1 + \Delta V_1 + V_2 + V_3} \tag{6-2}$$

式中，P 为孔隙率；V_3 为微观小孔的体积，符号为（+）；ΔV_1 的符号对应于不同的体积变化分别为收缩（-），不变（0）和膨胀（+）。

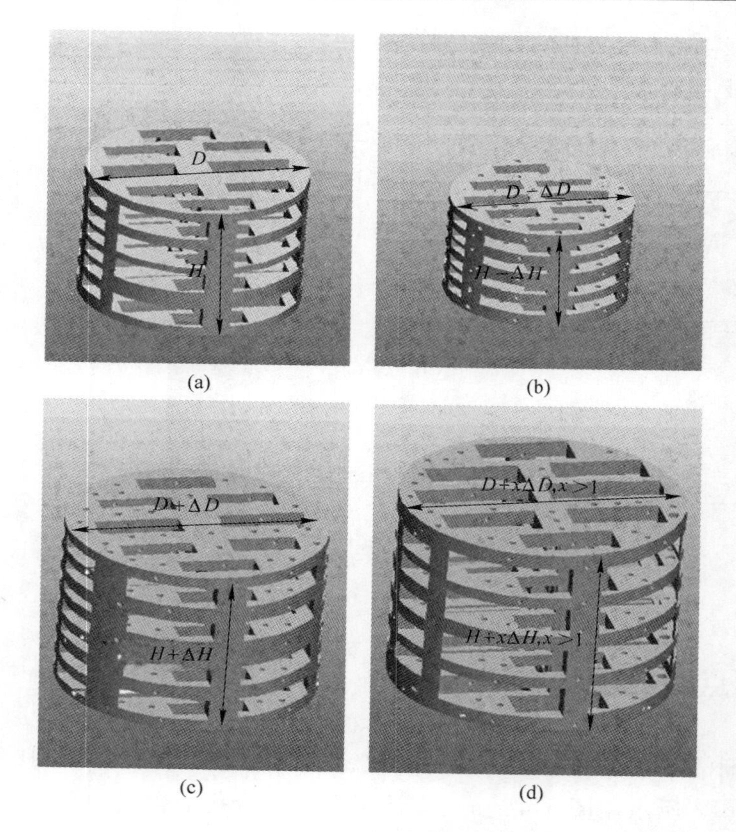

(a)　(b)　(c)　(d)

图 6-4　三维物理模型

H—高度；D—直径

孔隙率与造孔剂含量的差值（d，$d = P - S_c$）如式（6-3）所示。

$$d = \frac{V_2(\Delta V_1 + V_3)}{(V_1 + V_2)(V_1 + \Delta V_1 + V_2 + V_3)} \tag{6-3}$$

首先假设宏观大孔在烧结过程体积收缩，即 $\Delta V_1 < 0$。图 6-4（b）显示的是所获得的理想泡沫钛的三维物理模型。和图 6-4（a）的泡沫相比，它的高度和直径减小，而骨架则包含独立的微观小孔。孔隙率和造孔剂含量的差值如式（6-4）所示（式中，下标 S 代表 shrink（收缩））。由式（6-4）可见，如果 $\Delta V_1 = V_3$，则 $d_S = 0$，这意味着如果宏观大孔的体积收缩量等于微观小孔的体积，则孔隙率等于造孔剂含量；如果 $\Delta V_1 < V_3$，则 $d_S > 0$，这意味着如果宏观大孔的体积收缩量小于微观小孔的体积，则孔隙率大于造孔剂含量；如果 $\Delta V_1 > V_3$，则 $d_S < 0$，这意味着如果宏观大孔的体积收缩量大于微观小孔的体积，则孔隙率小于造孔剂含量。然而，遗憾的是目前尚没有文

献能够提供造孔剂法制备泡沫钛的宏观大孔和微观小孔的体积。而且，又由于 ΔV_1 和 V_3 的符号分别是（-）和（+），这导致近乎没有办法去判定 d_S 的正负。这也表明即使宏观大孔在烧结过程发生体积收缩也不一定导致孔隙率小于造孔剂含量。在这种情况下，我们采用反证法。

$$d_S = \frac{V_2(V_3 - \Delta V_1)}{(V_1 + V_2)(V_1 - \Delta V_1 + V_2 + V_3)} \tag{6-4}$$

再假设宏观大孔在烧结过程体积保持不变。图 6-4（c）所示为所获得的理想泡沫钛的三维物理模型。和图 6-4（a）相比，它的高度和直径轻微的增大，这是由于孔壁上微观小孔的存在。由于 $\Delta V_1 = 0$，孔隙率与造孔剂含量的差值如式（6-5）所示（式中，下标 R 代表 Retain（保持））。由于因式 $(V_2 \times V_3) > 0$ 所以 $d_R > 0$。即，孔隙率大于造孔剂含量。虽然 Laptev 等人[14]认为宏观大孔在烧结过程近乎保持不变，结果却显示孔隙率小于造孔剂含量。显然，他们的观点与实际不符。

$$d_R = \frac{V_2 \times V_3}{(V_1 + V_2)(V_1 + V_2 + V_3)} \tag{6-5}$$

最后假设宏观大孔在烧结过程体积膨胀。图 6-4（d）所示为所获得的理想泡沫钛的三维物理模型。它的高度和直径不仅大于图 6-4（a），也大于图 6-4（c）。所以，在它的高度和直径变化前面加上大于 1 的系数 x。这时，孔隙率与造孔剂含量的差值如式（6-6）所示（式中，下标 E 代表 expand（膨胀））。显然，由于因式 $V_2(\Delta V_1 + V_3) > 0$ 所以 $d_E > 0$。即，孔隙率大于造孔剂含量。

$$d_E = \frac{V_2(\Delta V_1 + V_3)}{(V_1 + V_2)(V_1 + \Delta V_1 + V_2 + V_3)} \tag{6-6}$$

可见，无论宏观大孔在烧结过程体积保持不变还是膨胀，都会导致孔隙率大于造孔剂含量。该命题的否定之否定命题是，如果孔隙率小于或等于造孔剂含量，则宏观大孔在烧结过程发生了体积收缩。所以，出现孔隙率小于造孔剂含量这一实验现象的原因理论上分析是由于宏观大孔在烧结过程发生了体积收缩所导致的。众所周知，微观小孔在烧结过程体积收缩是粉末冶金技术的显著特征。那么，宏观大孔在烧结过程发生体积收缩是否是造孔剂法的显著的特征呢？如果是，则在已有的文献中孔隙率小于或等于造孔剂含量的结果应当占据绝大多数。

6.4　观点的验证

图 6-5 所示为其他学者采用造孔剂法制备泡沫钛的孔隙率与相对应的造

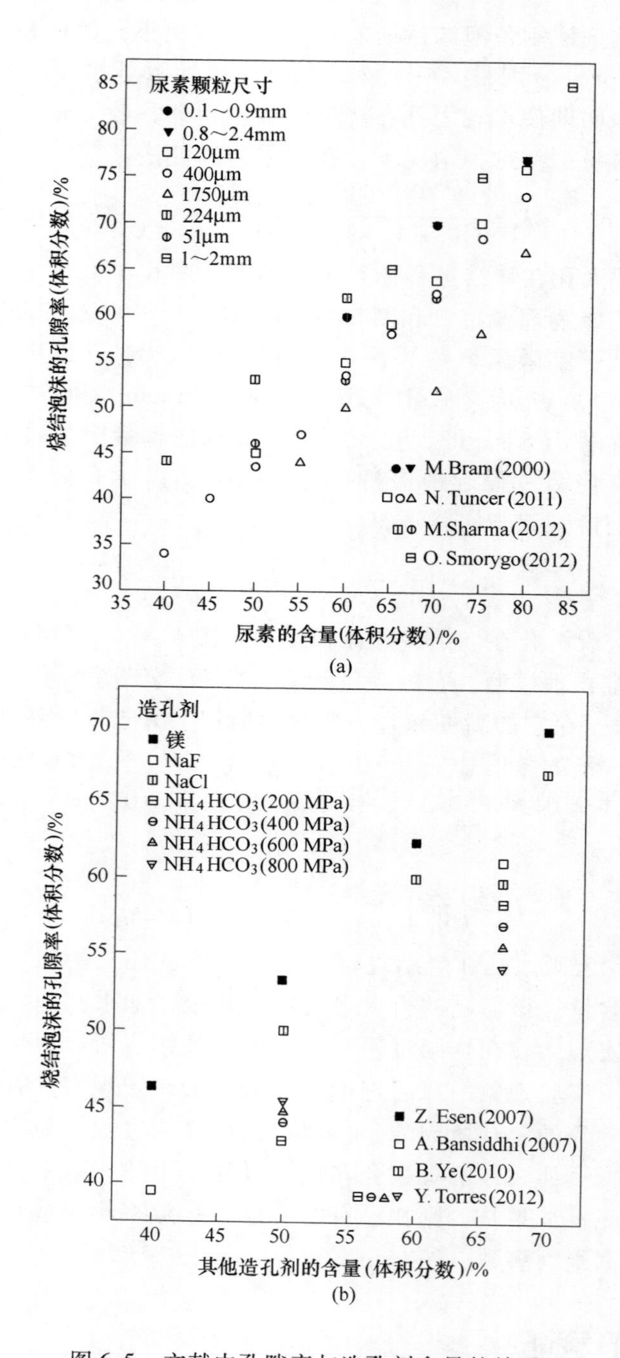

图 6-5　文献中孔隙率与造孔剂含量的关系

（a）尿素作为造孔剂[15,18,20,21]；（b）其他颗粒作为造孔剂[13,19,22,23]

孔剂含量。其中，图6-5（a）和（b）所示分别是尿素和其他颗粒作为造孔剂。从图6-5中可以清楚地看到，除了Sharma[18]和Esen[19]的部分实验结果，其余的都是孔隙率小于或等于造孔剂含量。根据前面的推导，这是宏观大孔在烧结过程体积收缩所导致的结果。那么，对于孔隙率大于造孔剂含量（即，Sharma等人[18]的论文中为44%～40%、53%～50%和64%～60%；Esen等人[19]的论文中为46.3%～40%、53.2%～50%和62.3%～60%，前者为孔隙率而后者为造孔剂含量），是否意味着这是宏观大孔在烧结过程体积保持不变或者膨胀所导致的结果呢？答案是不一定。这是因为，根据式（6-5）和式（6-6），只有当孔隙率和造孔剂含量的差值大于等于 d_R 或者 d_E 的条件下才能成立。然而，这些论文并没有提供微观小孔和宏观大孔的体积，导致无法算出 d_R 和 d_E。在这种情况下，也就很难进行比较了。事实上，根据式（6-4），更大的可能性是宏观大孔的体积收缩量不足以抵消微观小孔的体积。而且，这两篇论文都出现了孔隙率小于造孔剂含量的结果（即，Sharma等人[18]的论文中为46%～50%、54%～60%和62%～70%；Esen等人[19]的论文中为69.8%～70%）。这暗示我们烧结收缩过程的驱动力是不足的，导致宏观大孔轻微的收缩。例如，钛粉的表面氧化严重或者烧结温度过低以及时间不足或者其他因素。

综上所述，这些证据向我们表明宏观大孔在烧结过程发生体积收缩。实际上，认为宏观大孔在烧结过程体积不变或者膨胀的观点违背了表面热力学原理：自发过程表面张力的减少会驱动表面积的减小。本章获得的结论不仅可以用来解释孔隙率小于造孔剂含量的原因[13～17]，也可以用来分析其他参数如造孔剂的尺寸和压制压力等对孔隙率的影响[13,24]，而这是已有文献未能解释的。希望本章的研究可以在未来更好地帮助科学家和工程师们设计所需要的泡沫结构。

6.5　本章小结

（1）孔隙率与造孔剂含量的大小关系取决于宏观大孔在烧结过程的体积变化和骨架上微观小孔的体积。

（2）理论联系实际证明得到宏观大孔在烧结过程的体积变化是减小。

（3）这一新发现解决了长期困扰学术界的争议，有助于人们更好理解造孔剂法。

参 考 文 献

[1] Dunand D C. Processing of titanium foams [J]. Advanced Engineering Materials, 2004, 6: 369 ~ 376.

[2] Ashby M F, Evans A G, Fleck N A, et al. Metal foams: a design guide [M]. Amsterdam: Elsevier, 2000.

[3] Gibson L J, Ashby M F. Cellular solids: structure and properties [M]. Cambridge: Cambridge University Press, 1999.

[4] Qiu G B, Xiao J, Zhu J Y, et al. Processing and mechanical properties of titanium foams enhanced by Er_2O_3 for biomedical applications [J]. Materials Technology, 2014, 29: 118 ~ 123.

[5] Wen C, Yamada Y, Shimojima K, et al. Processing and mechanical properties of autogenous titanium implant materials [J]. Journal of Materials Science: Materials in Medicine, 2002, 13: 397 ~ 401.

[6] Wang X H, Li J S, Hu R, et al. Mechanical properties of porous titanium with different distributions of pore size [J]. Transactions of Nonferrous Metals Society of China, 2013, 23: 2317 ~ 2322.

[7] Mansourighasri A, Muhamad N, Sulong A. Processing titanium foams using tapioca starch as a space holder [J]. Journal of Materials Processing Technology, 2012, 212: 83 ~ 89.

[8] Jakubowicz J, Adamek G, Dewidar M. Titanium foam made with saccharose as a space holder [J]. Journal of Porous Materials, 2013, 20: 1 ~ 5.

[9] Jha N, Mondal D P, Goel M D, et al. Titanium cenosphere syntactic foam with coarser cenosphere fabricated by powder metallurgy at lower compaction load [J]. Transactions of Nonferrous Metals Society of China, 2014, 24: 89 ~ 99.

[10] 肖健，邱贵宝，廖益龙，等．尿素作为造孔剂制备泡沫钛的结构和力学性能 [J]．稀有金属材料与工程，2015，44：1724 ~ 1729.

[11] 肖健，邱贵宝，廖益龙，等．造孔剂大小对泡沫钛孔隙结构的影响 [J]．稀有金属材料与工程，2015，44：2583 ~ 2588.

[12] 肖健，崔豪，邱贵宝．泡沫钛力学性能重复性初探 [J]．功能材料，2015，46：22015 ~ 22021.

[13] Torres Y, Rodriguez J A, Arias S, et al. Processing, characterization and biological testing of porous titanium obtained by space-holder technique [J]. Journal of Materials Science, 2012, 47: 6565 ~ 6576.

[14] Laptev A, Bram M, Buchkremer H, et al. Study of production route for titanium parts combining very high porosity and complex shape [J]. Powder Metallurgy, 2004, 47: 85 ~ 92.

[15] Tuncer N, Arslan G, Maire E, et al. Investigation of spacer size effect on architecture and

mechanical properties of porous titanium [J]. Materials Science and Engineering A, 2011, 530: 633 ~ 642.

[16] Xiao J, Qiu G B, Liao Y L, et al. The microstructure and mechanical properties of titanium foams prepared by using carbamide as spacer particles [J]. Rare Metal Materials and Engineering, 2015, 44 (7): 1724 ~ 1729.

[17] Xiao J, Qiu G B, Liao Y L, et al. The effects of spacer size on pore structure of titanium foams [J]. Rare Metal Materials and Engineering, in press.

[18] Sharma M, Gupta G, Modi O, et al. PM processed titanium foam: influence of morphology and content of space holder on microstructure and mechanical properties [J]. Powder Metallurgy, 2012, 56: 55 ~ 60.

[19] Esen Z, Bor Ş. Processing of titanium foams using magnesium spacer particles [J]. Scripta Materialia, 2007, 56: 341 ~ 344.

[20] Smorygo O, Marukovich A, Mikutski V, et al. High-porosity titanium foams by powder coated space holder compaction method [J]. Materials Letters, 2012, 83: 17 ~ 19.

[21] Bram M, Stiller C, Buchkremer H P, et al. High-porosity titanium, stainless steel, and superalloy parts [J]. Advanced Engineering Materials, 2000, 2: 196 ~ 199.

[22] Ye B, Dunand D C. Titanium foams produced by solid-state replication of NaCl powders [J]. Materials Science and Engineering A, 2010, 528: 691 ~ 697.

[23] Bansiddhi A, Dunand D C. Shape-memory NiTi foams produced by solid-state replication with NaF [J]. Intermetallics, 2007, 15: 1612 ~ 1622.

[24] Tuncer N, Arslan G. Designing compressive properties of titanium foams [J]. Journal of Materials Science, 2009, 44: 1477 ~ 1484.

7 泡沫钛的孔隙率与造孔剂含量关系之探讨

7.1 概述

泡沫钛是21世纪初人类开发出的一类新型功能材料。和传统的致密钛材料相比，这种融合了多孔结构和金属钛优异性能的泡沫材料可以在减轻材料质量的同时兼具出色的力学和功能属性[1]。由于具有这些特性，泡沫钛在航空航天、国防军工、海洋工程、汽车、生物医学及新能源等行业展现出了诱人的应用前景[2]。例如，骨科植入材料[3]。然而，这一材料迄今为止还尚未实现大规模的商业化应用[4]。很重要的原因在于泡沫结构和性能的不稳定。由于泡沫材料的性能直接依赖于它的结构，所以研究泡沫钛的结构稳定性具有重要的意义。

泡沫金属的结构特征主要是它的孔隙率、孔的拓扑结构（开孔或闭孔）、孔径、孔的形状及各向异性[5]。其中，孔隙率被认为是最为重要的单一结构参数。对造孔剂法制备的泡沫钛而言，其孔隙率的大小主要通过控制所配加的造孔剂含量来实现。所以，孔隙率通常被认为等于造孔剂含量。然而，实际情况却往往不是这样。例如，第3和4章的研究结果表明无论是改变造孔剂的含量还是大小，孔隙率都小于造孔剂含量[6,7]。Esen等人[8]的研究结果显示孔隙率小于或者大于造孔剂含量。Lee等人[9]的研究结果显示当改变造孔剂的类型或者形状时，孔隙率等于或者大于造孔剂含量。而在其他学者的论文中，有孔隙率小于造孔剂含量的情况[10~12]，也有孔隙率既有小于也有大于造孔剂含量的情况[13~15]。从众多学者的研究结果来看，孔隙率与造孔剂含量之间存在三种关系：小于、等于和大于。其原因跟宏观大孔在烧结过程的体积减小量和骨架上微观小孔的体积有关（见第6章或文献［16］）。而宏观大孔的体积变化在烧结过程之所以减小是因为它们的体积被证实发生了收缩。然而，如何来获得所需孔隙率的泡沫钛却是已有工作仍未解决的问题。

因此，本章的目的主要研究孔隙率与造孔剂含量之间的关系。首先通过理想泡沫钛的三维物理模型来建立它们的计算方程，并对它们之间可能存在的关系进行理论分析。然后，用文献中的数据对所获得的理论关系进行实际验证。最后，对所获得的模型方程的潜在应用进行展望。

7.2 理论分析

7.2.1 造孔剂含量与孔隙率的描述

造孔剂含量是基于理想泡沫钛确定得到的，它的典型特征是骨架完全致密。图 7-1 显示的是它可能的三维物理模型。由于它所包含的孔的体积就是造孔剂的体积，骨架的体积就是钛粉的体积，所以造孔剂含量可由式（7-1）计算得到。

$$S_c = \frac{V_1}{V_1 + V_2} \tag{7-1}$$

式中，S_c 为造孔剂含量；V_1，V_2 分别为造孔剂和钛粉的体积。V 为原料的总体积，它等于造孔剂和钛粉的体积之和，则 $V = V_1 + V_2$。

图 7-1 用于确定造孔剂含量的理想泡沫钛的三维物理模型

孔隙率指的是材料内部孔隙占总体积的百分比。和理想泡沫钛相比，实际泡沫钛的内部孔隙由清晰能辨的宏观大孔和骨架上的微观小孔组成[8,10,17~20]。如图 7-2 所示，它显示的是第 3 章中所制备的泡沫钛的扫描电镜图片。其中，宏观大孔源于造孔剂的脱除而微观小孔则源于钛粉的不完全烧结。根据第 6 章，宏观大孔在烧结过程将发生体积收缩。这一现象是由于金属骨架的收缩所导致的，而后者又是由于微观小孔的减少所形成的。然而，目前还很难用实验来再现这一过程。所以，我们用示意图来进行描述，如图 7-3 所示。其中，图中左边的小圆圈和灰色实心大圆分别表示钛粉和造孔剂，右边的深色块体和白色大孔及小孔分别表示钛和宏观大孔及微观小孔。所以，实际泡沫钛的孔隙率可通过式（7-2）计算得到。

图 7-2　包含两个尺度上孔的泡沫钛的扫描电镜图片：清晰能辨的宏观大孔（区域 A）和骨架上的微观小孔（区域 B）[6]

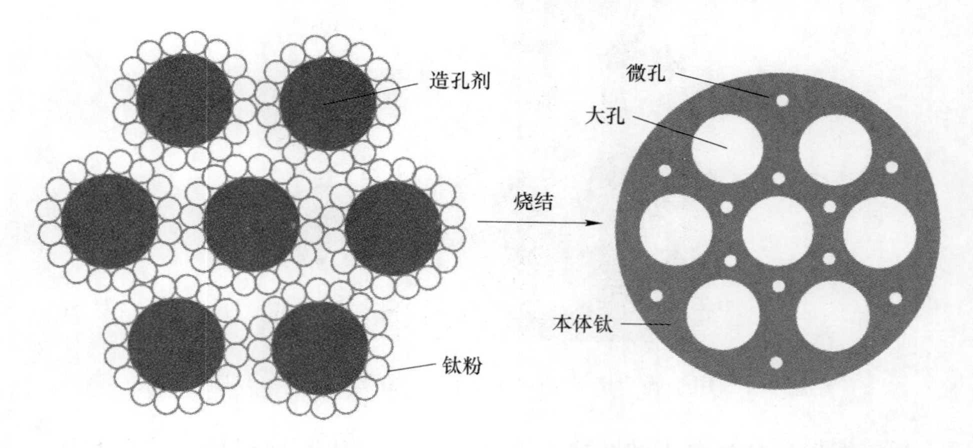

图 7-3　造孔剂法制备泡沫钛的宏观大孔和微观小孔形成过程的示意图

$$P = \frac{(V_1 + \Delta V_1) + V_3}{(V_1 + \Delta V_1) + V_2 + V_3} \tag{7-2}$$

式中，P 为孔隙率；ΔV_1，V_3 分别为宏观大孔的体积减小量和微观小孔的体积。ΔV_1 为烧结泡沫中宏观大孔的体积与造孔剂的体积之差。

7.2.2 孔隙率与造孔剂含量的理论关系

众所周知，孔的总体积等于宏观大孔和微观小孔的体积之和。它与造孔剂的体积之差为孔的体积变化量，用 ΔV 来表示。则，$\Delta V = \Delta V_1 + V_3$。所以，式（7-2）可以作如下一些推导：

$$\begin{aligned}
P &= \frac{V_1}{V_1 + V_2 + (\Delta V_1 + V_3)} + \frac{\Delta V_1 + V_3}{V_1 + V_2 + (\Delta V_1 + V_3)} \\
&= \frac{V_1 + V_2}{V_1 + V_2 + (\Delta V_1 + V_3)} \times \frac{V_1}{V_1 + V_2} + \frac{\Delta V_1 + V_3}{V_1 + V_2 + (\Delta V_1 + V_3)} \\
&= \frac{1}{1 + \dfrac{\Delta V_1 + V_3}{V_1 + V_2}} \times S_c + \frac{\dfrac{\Delta V_1 + V_3}{V_1 + V_2}}{1 + \dfrac{\Delta V_1 + V_3}{V_1 + V_2}} \\
&= \frac{1}{1 + \dfrac{\Delta V}{V}} \times S_c + \frac{\dfrac{\Delta V}{V}}{1 + \dfrac{\Delta V}{V}}
\end{aligned}$$

用 δ 来表示孔的体积变化率，它等于孔的体积变化量与原料总体积之比。由于 $\delta = \Delta V/V$，所以：

$$P = \frac{1}{1 + \delta} \times S_c + \frac{\delta}{1 + \delta}$$

令 $a = 1/(1 + \delta)$，$b = \delta/(1 + \delta)$，则孔隙率与造孔剂含量的关系如式（7-3）所示。

$$P = a \times S_c + b \tag{7-3}$$

式中，$a + b = 1$ 且 $\delta = b/a$。

假如 a 和 b 都是常数，则孔隙率与造孔剂含量呈线性关系。而这取决于 δ，即它的值是否会随造孔剂含量的改变而改变。它可以通过实验获得为了增加可信度，在本研究中使用其他学者的实验数据来验证本书的理论。所以，我们假设 δ 是常数。这样就得到一种理论上的线性关系。

7.3 理论关系的验证

众所周知，除了造孔剂含量，还有很多制备参数都对孔隙率有影响。这些参数主要是粉末的组成、形状及大小，造孔剂的类型、大小及形状，压制方法、烧结温度和时间等。本节将选择它们当中的一部分来验证所获得的理论关系。验证所用的数据来自文献。

7.3.1　粉末组成

图 7-4 所示为文献中镁作为造孔剂制备的泡沫纯钛和镍钛合金的孔隙率与造孔剂含量之间的关系（Bor 等人[8,21]）。对于泡沫纯钛[8]，造孔剂含量和孔隙率分别是 40%、50%、60% 及 70% 和 46.3%、53.2%、62.3% 及 69.8%。经线性拟合，$P = 0.796S_c + 0.141$（$R^2 = 0.996$），$\delta = 0.18$。对于泡沫镍钛合金[21]，造孔剂含量和孔隙率分别是 50%、60%、70% 及 80% 和 59%、66%、73% 及 81%。经线性拟合，$P = 0.73S_c + 0.223$（$R^2 = 0.998$），$\delta = 0.31$。可见，无论是泡沫纯钛还是钛合金，孔隙率与造孔剂含量都呈线性关系。Hosseini 等人[22]的工作也有这样的发现，不同的是它采用的造孔剂是尿素。

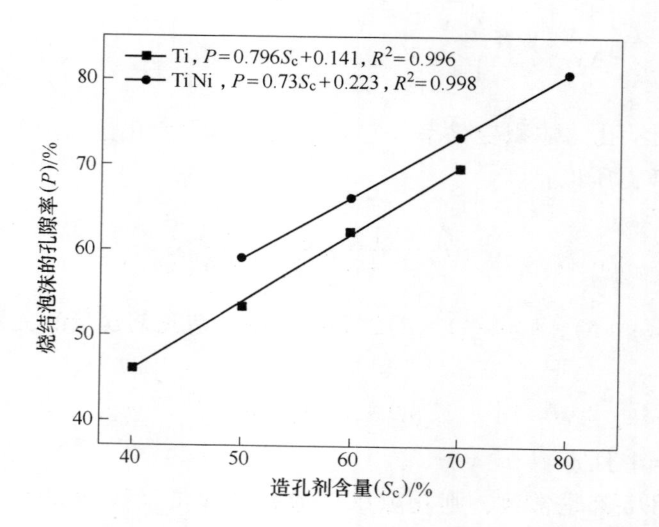

图 7-4　文献中镁作为造孔剂制备泡沫纯钛和钛镍合金的孔隙率与造孔剂含量之间的关系[8,21]

7.3.2　造孔剂的类型

图 7-5 所示为文献中不同类型的造孔剂制备泡沫钛的孔隙率与造孔剂含量之间的关系（Mondal 等人[23]）。根据文献［23］，当压制压力为 100MPa 和造孔剂含量为 50%、60%、70% 和 80% 时，碳酸氢铵作为造孔剂所获得

的孔隙率分别是62%、68%、77%和83%。经线性拟合，$P=0.72S_c+0.257$（$R^2=0.99$），$\delta=0.36$。对于阿克蜡，孔隙率分别是71%、76%、81%和88%。经线性拟合，$P=0.56S_c+0.428$（$R^2=0.989$），$\delta=0.76$。可见，改变造孔剂的类型，孔隙率与造孔剂含量还是呈线性。

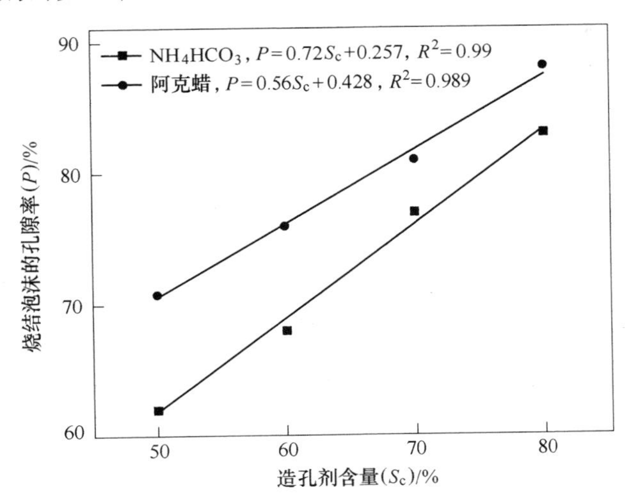

图7-5 文献中不同造孔剂制备泡沫钛的孔隙率与造孔剂含量之间的关系[23]

7.3.3 造孔剂的粒径大小

图7-6所示为文献中不同粒径大小的尿素作为造孔剂制备泡沫钛的孔隙率与造孔剂含量之间的关系（Tuncer等人[24]）。根据文献[24]，当造孔剂的粒径大小是120μm时，造孔剂含量和孔隙率分别是55%、60%、65%、70%、75%和80%和43.5%、50%、53%、58%、66%和68%。经线性拟合，$P=1.003S_c-0.113$（$R^2=0.977$），$\delta=-0.11$。对于400μm，造孔剂含量和孔隙率分别是40%、45%、50%、55%、60%、65%、70%、75%、及80%和33%、39%、43%、47%、54%、58%、63%、68%及74%。经线性拟合，$P=1.007S_c-0.072$（$R^2=0.997$），$\delta=-0.07$。对于1750μm，造孔剂含量和孔隙率分别是50%、60%、65%、70%、75%及80%和45%、55%、59%、64%、69.5%和76%。经线性拟合，$P=1.013S_c-0.061$（$R^2=0.994$），$\delta=-0.06$。可见，改变造孔剂的大小，孔隙率与造孔剂含量还是呈线性关系。Amigó等人[25]的工作也有这样的发现。这个工作造孔剂碳酸氢铵的大小分别是250~500μm和500~1000μm。

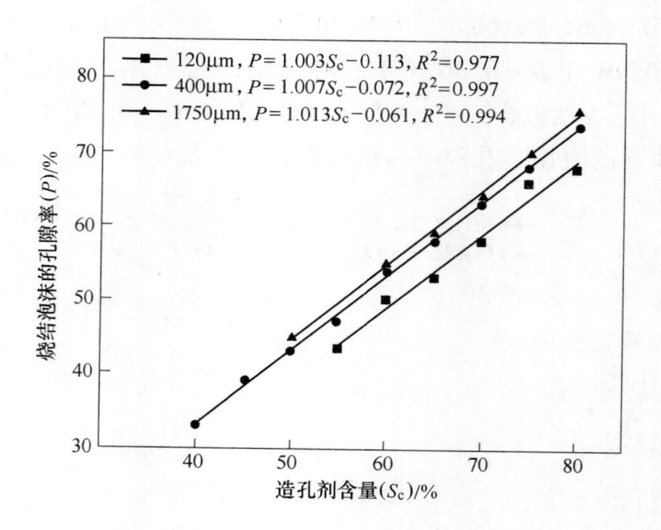

图 7-6　文献中三种粒径大小的尿素颗粒作为造孔剂制备泡沫钛的孔隙率与相对应的造孔剂含量之间的关系[24]

7.3.4　压制压力

图 7-7 所示为文献中不同压制压力下氯化钠作为造孔剂制备泡沫钛的孔隙率与造孔剂含量之间的关系（Torres 等人[26]）。根据文献［26］，在不搅

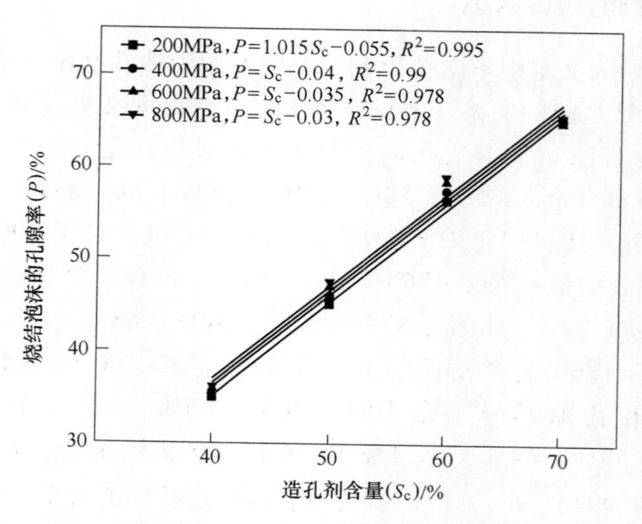

图 7-7　文献中不同压力下氯化钠造孔剂制备泡沫钛的孔隙率与造孔剂含量之间的关系[26]

拌、水温为 50 ~ 60℃ 和循环浸泡时间 4h 的条件下，当压制压力为 200MPa 时，造孔剂含量和孔隙率分别是 40%、50%、60% 及 70% 和 35%、45%、56.5% 和 65%。经线性拟合，$P = 1.015S_c - 0.055$（$R^2 = 0.995$），$\delta = -0.05$。对于 400MPa，孔隙率分别是 35.5%、46%、57.5% 和 65%。经线性拟合，$P = S_c - 0.04$（$R^2 = 0.99$），$\delta = -0.04$。对于 600MPa，孔隙率分别是 35.5%、47%、58.5% 和 65%。经线性拟合，$P = S_c - 0.035$（$R^2 = 0.978$），$\delta = -0.04$。对于 800MPa，孔隙率分别是 36%、47.5%、59% 和 65.5%。经线性拟合，$P = S_c - 0.03$（$R^2 = 0.978$），$\delta = -0.03$。可见，改变压制压力，孔隙率与造孔剂含量还是呈线性关系。Amigó 等人[25]的工作也有这样的发现。

7.3.5 烧结温度和时间

图 7-8 所示为文献中不同烧结温度和时间下碳酸氢铵作为造孔剂制备泡沫钛的孔隙率与造孔剂含量之间的关系（Laptev 等人[27]）。根据文献［27］，当烧结温度和时间分别是 1200℃ 和 3h 时，造孔剂含量和孔隙率分别是 0、30%、50% 及 70% 和 14%、38%、50% 及 68%。经线性拟合，$P = 0.757S_c + 0.141$（$R^2 = 0.994$），$\delta = 0.19$。对于 1300℃ 和 3h，孔隙率分别是 10%、32%、46% 及 62%。经线性拟合，$P = 0.738S_c + 0.098$（$R^2 = 0.999$），$\delta = 0.13$。对于 1300℃ 和 1h，孔隙率分别是 12%、36%、48% 及 65%。经线性性

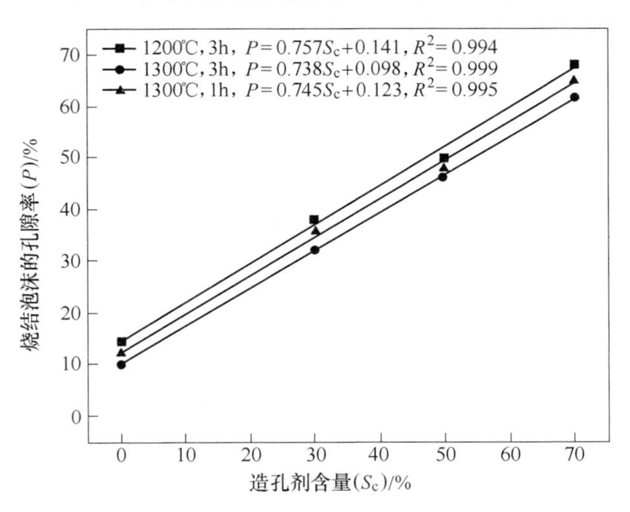

图 7-8 文献中不同烧结温度和时间下碳酸氢铵作为造孔剂制备泡沫钛的孔隙率与造孔剂含量之间的关系[27]

拟合，$P=0.745S_c+0.123$（$R^2=0.995$），$\delta=0.17$。可见，无论是改变烧结温度还是时间，孔隙率与造孔剂含量都呈线性关系。

7.3.6 低与高孔隙

图7-9显示的是文献中糊精（Gligor等人[28]）和氯化钠（Torres等人[29]）作为造孔剂制备泡沫钛的孔隙率与造孔剂含量之间的关系。根据文献[28]，造孔剂含量和孔隙率分别是15%、25%、35%及45%和12.7%、18.8%、26.1%及32.2%。经线性拟合，$P=0.667S_c+0.027$（$R^2=0.998$），$\delta=0.04$。根据文献[29]，造孔剂含量和孔隙率分别是40%、50%、60%及70%和37.2%、47.2%、57.1%及68.3%。经线性拟合，$P=1.032S_c-0.043$（$R^2=0.999$），$\delta=-0.04$。可见，低或者高孔隙率与造孔剂含量都呈线性关系。

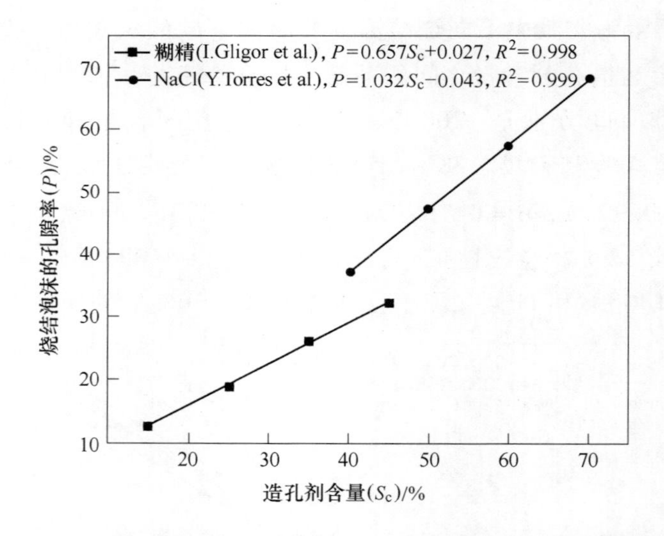

图7-9 文献中糊精[28]和氯化钠[29]作为造孔剂制备泡沫钛的孔隙率与造孔剂含量之间的关系

综上所述，尽管粉末组成、造孔剂的类型及粒径大小、压制压力、烧结温度和时间等参数都会影响到泡沫钛最终的孔隙率，但是这并不妨碍孔隙率与造孔剂含量之间呈线性关系。而且，它适用于所有范围的孔隙率。这充分表明了本书所提出来的假设是正确的。即，孔的体积变化率（δ）是常数。只是，它的值在不同的制备条件下有所不同。根据这些文献，δ为$-0.03\sim0.76$。正因为δ是常数，才导致孔隙率与造孔剂含量之间呈线性关系。我们或许可

以将方程 $P = aS_c + b$ 称之为模型方程。和 δ 一样，它的 a 和 b 也是常数，只是在不同的制备条件下有所不同。根据 δ 的取值范围，a 和 b 分别为 0.57 ~ 1.03 和 -0.03 ~ 0.43。尽管这两个数之和理论上等于 1，但实际略有偏差。它很有可能跟烧结系统的复杂性有关，但还需要进一步的研究。

7.4 模型方程的应用

7.4.1 孔隙率的预测

首先，本书所获得的模型方程可以用来预测造孔剂法制备泡沫钛得到孔隙率。就像上面这些文献所展示的那样。其次，它还可以用来预测该技术所制备的其他泡沫金属的孔隙率。例如，Bafti 等人[30]曾报道采用尿素作为造孔剂制备出了泡沫铝。根据文献 [30]，造孔剂含量和孔隙率分别是 52%、58%、63%、67%、71%、75%、79% 及 83% 和 52%、59%、64%、68%、73%、77%、80% 及 84%，如图 7-10 (a) 所示。经线性拟合，$P = 1.033S_c - 0.011$ ($R^2 = 0.997$)。更进一步，它还可以用来预测其他技术制备的泡沫钛或者其他泡沫金属的孔隙率。例如，Chen 等人[31]曾报道采用金属注射成型技术（氯化钠作为造孔剂）制备出了泡沫钛。根据文献 [31]，造孔剂含量和孔隙率分别是 30%、40%、50% 及 60% 和 42.4%、52.1%、62% 及 71.6%，如图 7-10 (b) 所示。经线性拟合，$P = 0.975S_c + 0.132$ ($R^2 = 0.99995$)。

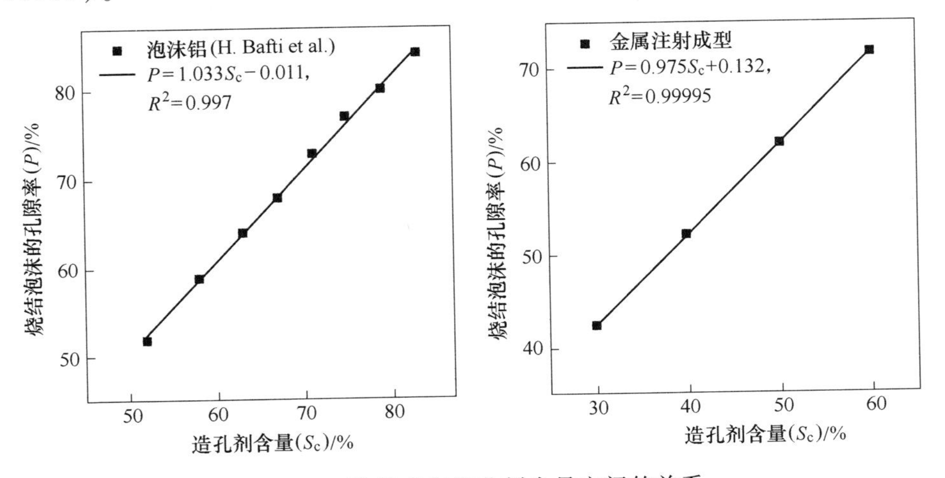

图 7-10 孔隙率与造孔剂含量之间的关系

(a) 造孔剂法制备的泡沫铝[30]；(b) 金属注射成型制备的泡沫钛[31]

7.4.2　力学性能的预测

除了孔隙率，本书的模型方程还可以用于力学性能的预测如杨氏模量。根据 Gibson 和 Ashby 的研究[32]，开孔泡沫的相对杨氏模量与它的相对密度的平方成正比，即 $E/E_s=(1-P)^2$。在这里，孔隙率代替了相对密度，因为 $\rho/\rho_s=1-P$（式中，下标 s 表示基体材料的属性）。将该方程与本书的模型方程相结合，可得 $E/E_s=a^2[S_c+(b-1)/a]^2$。令 $c=a^2$，$d=(b-1)/a$，则 $E/E_s=c(S_c+d)^2$。和 a、b 一样，c 和 d 也是常数且在不同的制备条件下取值有所不同。然而，众所周知的是实际泡沫钛的相对杨氏模量与相对密度的关系可能存在其他形式的方程。例如，在 Esen 等人[8]的研究中，$E/E_s=1.589(1-P)^{4.72}$。将上文 $P=0.796S_c+0.141$ 代入此方程，可得 $E/E_s=0.54(S_c-1.08)^{4.72}$。对于屈服强度，文献中是 $\sigma/\sigma_s=2.13(1-P)^{3.57}$，本书的结果是 $\sigma/\sigma_s=0.6(S_c-1.08)^{3.57}$。相比较而言，通过造孔剂含量来预测力学性能更有吸引力。

7.5　本章小结

（1）理论联系实际证明得到孔隙率与造孔剂含量之间呈线性关系，即 $P=aS_c+b$。该模型方程适用于通过脱除一种临时物质来进行造孔的泡沫材料制备技术。

（2）它揭示出孔的体积变化率（δ）是常数且在不同制备条件下取值有所不同。

（3）此外，通过本章的研究还可实现通过造孔剂含量来预测造孔剂法制备泡沫材料的力学性能。

参考文献

[1] Dunand D C. Processing of titanium foams [J]. Advanced Engineering Materials, 2004, 6: 369～376.

[2] Qiu G B, Xiao J, Zhu J. Research history, classification and applications of metal porous material [J]. Metalurgia International, 2013, 18: 70～73.

[3] Xiao J, Liao Y, Qiu G B. Titanium foams prepared by using carbamide as spaler for cortical bone implant [C]. Trans Tech Publications Ltd, Chengdu, China, 2015: 321～326.

[4] 肖健，崔豪，邱贵宝．泡沫钛力学性能重复性初探 [J]．功能材料，2015，46:

22015 ~ 22021.

[5] Ashby M F, Evans A G, Fleck N A, et al. Metal foams: a design guide [M]. Amsterdam: Elsevier, 2000.

[6] 肖健，邱贵宝，廖益龙，等．尿素作为造孔剂制备泡沫钛的结构和力学性能 [J]. 稀有金属材料与工程，2015，44：1724 ~ 1729.

[7] 肖健，邱贵宝，廖益龙，等．造孔剂大小对泡沫钛孔隙结构的影响 [J]. 稀有金属材料与工程，2015，44：2583 ~ 2588.

[8] Esen Z, Bor Ş. Processing of titanium foams using magnesium spacer particles [J]. Scripta Materialia, 2007, 56: 341 ~ 344.

[9] Lee B, Lee T, Lee Y, et al. Space-holder effect on designing pore structure and determining mechanical properties in porous titanium [J]. Materials & Design, 2014, 57: 712 ~ 718.

[10] Bansiddhi A, Dunand D C. Shape-memory NiTi foams produced by solid-state replication with NaF [J]. Intermetallics, 2007, 15: 1612 ~ 1622.

[11] Torres Y, Rodriguez J A, Arias S, et al. Processing, characterization and biological testing of porous titanium obtained by space-holder technique [J]. Journal of Materials Science, 2012, 47: 6565 ~ 6576.

[12] Jakubowicz J, Adamek G, Dewidar M. Titanium foam made with saccharose as a space holder [J]. Journal of Porous Materials, 2013, 20: 1 ~ 5.

[13] Hong T, Guo Z, Yang R. Fabrication of porous titanium scaffold materials by a fugitive filler method [J]. Journal of Materials Science: Materials in Medicine, 2008, 19: 3489 ~ 3495.

[14] Chino Y, Dunand D C. Creating aligned, elongated pores in titanium foams by swaging of preforms with ductile space-holder [J]. Advanced Engineering Materials, 2009, 11: 52 ~ 55.

[15] Jha N, Mondal D, Dutta Majumdar J, et al. Highly porous open cell Ti-foam using NaCl as temporary space holder through powder metallurgy route [J]. Materials & design, 2013, 47: 810 ~ 819.

[16] Xiao J, Yang Y, Qiu G B, et al. On Volume Change of Macropores of Titanium Foams during Sintering [J]. Transactions of Nonferrous Metals Society of China, 2015, 25 (11): 3834 ~ 3839.

[17] Niu W, Bai C, Qiu G, et al. Processing and properties of porous titanium using space holder technique [J]. Materials Science and Engineering a-Structural Materials Properties Microstructure and Processing, 2009, 506: 148 ~ 151.

[18] Bansiddhi A, Dunand D. Shape-memory NiTi foams produced by replication of NaCl spaceholders [J]. Acta Biomaterialia, 2008, 4: 1996 ~ 2007.

[19] Tuncer N, Arslan G. Designing compressive properties of titanium foams [J]. Journal of Materials Science, 2009, 44: 1477 ~ 1484.

[20] Qiu G B, Xiao J, Zhu J Y, et al. Processing and mechanical properties of titanium foams

enhanced by Er_2O_3 for biomedical applications [J]. Materials Technology, 2014, 29: 118 ~ 123.

[21] Aydoğmuş T, Bor Ş. Processing of porous TiNi alloys using magnesium as space holder [J]. Journal of Alloys and Compounds, 2009, 478: 705 ~ 710.

[22] Hosseini S, Yazdani-Rad R, Kazemzadeh A, et al. A Comparative Study on the Mechanical Behavior of Porous Titanium and NiTi Produced by a Space Holder Technique [J]. Journal of Materials Engineering and Performance, 2013, 23: 1 ~ 10.

[23] Mondal D P, Patel M, Das S, et al. Titanium foam with coarser cell size and wide range of porosity using different types of evaporative space holders through powder metallurgy route [J]. Materials & Design, 2014, 63: 89 ~ 99.

[24] Tuncer N, Arslan G, Maire E, et al. Investigation of spacer size effect on architecture and mechanical properties of porous titanium [J]. Materials Science and Engineering A, 2011, 530: 633 ~ 642.

[25] Amigó V, Reig L, Busquets D, et al. Analysis of bending strength of porous titanium processed by space holder method [J]. Powder Metallurgy, 2011, 54: 67 ~ 70.

[26] Torres Y, Pavon J J, Rodriguez J A. Processing and characterization of porous titanium for implants by using NaCl as space holder [J]. Journal of Materials Processing Technology, 2012, 212: 1061 ~ 1069.

[27] Laptev A, Bram M, Buchkremer H, et al. Study of production route for titanium parts combining very high porosity and complex shape [J]. Powder Metallurgy, 2004, 47: 85 ~ 92.

[28] Gligor I, Soritau O, Todea M, et al. Porous titanium using dextrin as space holder for endosseous Implants [J]. Particulate Science and technology, 2013, 31: 357 ~ 365.

[29] Torres Y, Lascano S, Bris J, et al. Development of porous titanium for biomedical applications: a comparison between loose sintering and space-holder techniques [J]. Materials Science and Engineering: C, 2013, 37: 148 ~ 155.

[30] Bafti H, Habibolahzadeh A. Production of aluminum foam by spherical carbamide space holder technique-processing parameters [J]. Materials & Design, 2010, 31: 4122 ~ 4129.

[31] Chen L J, Li T, Li Y M, et al. Porous titanium implants fabricated by metal injection molding [J]. Transactions of Nonferrous Metals Society of China, 2009, 19: 1174 ~ 1179.

[32] Gibson L J, Ashby M F. Cellular solids: structure and properties [M]. Cambridge: Cambridge University Press, 1999.

8 新锐洞察孔体积变化率——以泡沫钛为例

1948 年，美国杜邦公司首次用镁法实现海绵钛成吨的工业化生产。现在，钛制品已经广泛的应用于军民领域，特别是航空航天和生物医学。然而，随着轻量化时代的到来，人们对轻质钛制品材料的关注程度却与日俱增。

泡沫钛是近年来快速发展起来的一类新型轻质钛制品材料，具有超轻金属材料的特性。在以往，人们也采用粉末松装烧结的方式来制备多孔钛。尽管比致密钛更轻，但多孔钛的孔隙率很难超过 50%。而且，它的孔径也只能达到微米，难以达到毫米。目前，烧结金属多孔钛主要用作过滤芯。为了使多孔钛变得更轻，人们想到了泡沫铝。它的问世时间可以追溯至 1948 年。当时，美国的科学家 B. Sosnick 在熔融的铝液中加入汞作为发泡剂制得泡沫铝[1]。截至目前，世界上主要发达国家已经成功将泡沫铝应用到在建筑、交通运输、机械、电子等行业。但是，大量的实验结果表明泡沫铝的制备工艺——熔体发泡法并不适用于泡沫钛。因为钛的熔点接近 1670℃，而钛在高温下又与空气中的氧气和氮气有着极端的化学亲和力。为了解决制备难题，有学者将视线转移到粉末冶金，因为它的烧结温度只需钛熔点的 2/3。然而，直到 2000 年，德国学者 M. Bram 教授才首次用造孔剂法制得孔隙率为 60% ~ 80%、孔径为 0.1 ~ 2.5mm 的泡沫钛[2]。造孔剂法，顾名思义就是在钛粉配料中添加造孔剂，利用造孔剂在坯体中占据一定的空间，然后经过加热或溶解将造孔剂离开基体而形成气孔来制备泡沫钛。所以，造孔剂法也是建立在粉末冶金的基础上。相比较于传统松装烧结制得的多孔钛，造孔剂法泡沫钛具有更高的孔隙率和更大的孔径。这些结构特征不仅可以大大减轻多孔钛的质量，还可以提升多孔钛的性能。和泡沫铝相比，泡沫钛的问世时间晚了将近 50 年。但是，由于钛的综合性能特别是它的耐腐蚀性、耐高温性、生物相容性优于铝，所以泡沫钛在航空航天、海洋工程和生物医疗[3]等领域比泡沫铝更具应用前景。此外，泡沫钛经表面改性还可以用于电池集流体[4]和光催化剂载体[5]等新兴技术领域。由于应用前景非常广阔，世界各国都加大了泡沫钛的研究，相关的论文研究开始如雨后春笋般出现。

然而，令人遗憾的是，泡沫钛的研究依然还处在实验室阶段，仍未实现真正的产业化应用。究其原因，主要还是在于工艺—孔结构—性能三者之间难以形成稳定的关系，特别是工艺—孔结构之间的关系。为此，本书进行了一系列深入的研究。工艺方面，第 1、2 章中的综述表明造孔剂法是目前泡沫钛最主要的制备方法[6]，而尿素、碳酸氢铵和氯化钠是三种最主要的造孔剂[7]。其中，又以尿素为最。孔结构方面，表明孔隙率与造孔剂含量之间呈线性关系。造孔剂含量指的是原料中造孔剂的体积分数，而孔隙率指的是块状材料中孔隙体积与材料在自然状态下总体积的百分比。这两个参数本来是被设计成相等的，但实际情况却并非如此。例如，第 3、4 和 5 章的研究结果表明，无论是改变造孔剂的含量还是粒径大小，孔隙率都小于造孔剂含量[8~10]。其他学者的研究大都也是如此。部分学者甚至还有等于或大于的实验结果。孔隙率偏离期望值所带来的预测困难一度成为了悬在泡沫钛研究学者头上的达摩克利斯之剑。为了解决该难题，首先思考的是孔隙率为何会偏离期望值。经过建立数学模型，研究得出了一个新理论：源于造孔剂脱除形成的宏观大孔在烧结过程发生体积收缩现象[11]。当宏观大孔的体积收缩量大于骨架上微观小孔的体积时，理论上会出现孔隙率小于造孔剂含量的实验结果。继续研究，通过大胆假设小心求证，明确了孔隙率与造孔剂含量之间的关系为线性，即 $P = ax + b$[12]。它的推导过程如下：

$$
\begin{aligned}
P &= \frac{V_1 + \Delta V_1 + V_3}{V_1 + V_2 + (\Delta V_1 + V_3)} \\
&= \frac{V_1}{V_1 + V_2 + (\Delta V_1 + V_3)} + \frac{\Delta V_1 + V_3}{V_1 + V_2 + (\Delta V_1 + V_3)} \\
&= \frac{V_1 + V_2}{V_1 + V_2 + (\Delta V_1 + V_3)} \times \frac{V_1}{V_1 + V_2} + \frac{\Delta V_1 + V_3}{V_1 + V_2 + (\Delta V_1 + V_3)} \\
&= \frac{1}{1 + \dfrac{\Delta V_1 + V_3}{V_1 + V_2}} \times S_c + \frac{\dfrac{\Delta V_1 + V_3}{V_1 + V_2}}{1 + \dfrac{\Delta V_1 + V_3}{V_1 + V_2}} \\
&= \frac{1}{1 + \dfrac{\Delta V}{V}} \times S_c + \frac{\dfrac{\Delta V}{V}}{1 + \dfrac{\Delta V}{V}}
\end{aligned}
$$

$$=\frac{1}{1+\delta}\times S_c+\frac{\delta}{1+\delta}$$

式中，P 为孔隙率；V_1 为造孔剂的体积；V_2 为钛粉的体积；V_3 为烧结泡沫骨架上微观小孔的体积；ΔV_1 为宏观大孔在烧结过程的体积变化量；S_c 为造孔剂含量（$S_c=V_1/(V_1+V_2)$）；V 为原料总体积（$V=V_1+V_2$）；ΔV 为孔体积变化量（$\Delta V=\Delta V_1+V_3$）；δ 为孔体积变化率（$\delta=\Delta V/V$）。令：

$$a=\frac{1}{1+\delta},\ b=\frac{\delta}{1+\delta},\ x=S_c$$

则：

$$P=ax+b \tag{8-1}$$

大胆假设孔体积变化率（δ）是一个常数，即它的值随造孔剂含量的改变而保持不变。这样一来，a 和 b 也是常数。那么，式（8-1）理论上为线性方程。再运用已有文献中的数据进行小心求证。结果表明，尽管粉末组成、造孔剂的类型及粒径大小、压制压力、烧结温度和时间等参数都会影响到泡沫钛最终的孔隙率，但是这并不妨碍孔隙率与造孔剂含量之间呈线性关系。这不仅证明到了假设是对的，同时还可以根据线性方程算出 δ。而且，δ 的值在不同的工艺参数下有所不同。根据文献数据，δ 的取值范围介于 $-0.03\sim0.76$。所以，δ 不仅是个常数，还是一个不定数学常数。同样，a 和 b 也是两个不定数学常数。它们的取值范围分别介于 $0.57\sim1.03$ 和 $-0.03\sim0.43$。而且，$a+b=1$。从应用的角度看，式（8-1）还适用于造孔剂法制备的其他泡沫金属。例如泡沫铝，造孔剂含量和孔隙率分别是52%、58%、63%、67%、71%、75%、79%及83%和52%、59%、64%、68%、73%、77%、80%及84%，经线性拟合得到 $P=1.033x-0.011$[13]。除了孔隙率，还可实现通过造孔剂含量来预测力学性能，只需结合孔结构—性能之间的 Gibson-Ashby 模型方程[14]。例如，在 Esen 等人[15]的工作中，相对杨氏模量与孔隙率之间的关系为 $E/E_s=1.589(1-P)^{4.72}$。而孔隙率与造孔剂含量之间的关系为 $P=0.796x+0.141$。将它代入前式，可得 $E/E_s=0.54(x-1.08)^{4.72}$。对于屈服强度，同样可得 $\sigma/\sigma_s=0.94(x-1.08)^{3.57}$。

令人惊喜的是，方程发表后不久就得到了来自荷兰代尔夫特理工大学同行学者的实验验证。不仅烧结泡沫体的孔隙率与造孔剂含量之间呈线性关系（$P=1.070x-13.747$），而且生压坯的孔隙率与造孔剂含量之间也呈线性关系（$P=1.145x-15.381$）[16,17]。所以，该理论还能引发出更多有趣的实验现象。当然，也有一些学者在介绍造孔剂法时引用了我们的论文[18,19]。

事实上，问题得到解决的关键在于孔体积变化率，即 δ。它的定义是孔体积变化量（ΔV，烧结泡沫中所有孔的体积与造孔剂的体积之差）与原料总体积之比。前期的研究中已经揭示出 δ 是一个不定数学常数，但是其原因还是未知的。如果能够在不测量孔隙率的情况下通过其他方式获取 δ 的值，同样可以推导出孔隙率的预测方程。因为，式（8-1）的斜率和截距直接依赖于 δ。然而，若 x 已知但 P 未知，根据式（8-1）是求不出 δ 的。那么，该怎么办呢？

下面将叙述一下思考过程，希望这里所要说明的观点为一些研究工作者在他们的研究中提供帮助。

众所周知，烧结体的尺寸控制在粉末冶金产品设计和制造过程中非常重要。通常，部件尺寸和压坯模尺寸应该是相同的，或成比例的。尺寸的改变往往会带来形状的变化。为了减少尺寸改变和形状变化，应使烧结体具有一致的线性收缩。对泡沫钛而言，宏观大孔的加入虽然增大了烧结体的尺寸改变和形状变化，但收缩机理不变。假如将式（8-1）中自变量 x 和应变量 P 的计算式跟尺寸改变和形状变化联系起来，那么孔体积变化率 δ 跟烧结体的线性收缩之间可能存在某种关系。为了便于研究，以正方体为例。

当需要制备一个外形呈正方体的泡沫钛时，可以用图 8-1 来描述烧结过程所带来的尺寸改变和外形变化。其中，图 8-1（a）是设计模型，图 8-1（b）是烧结模型。

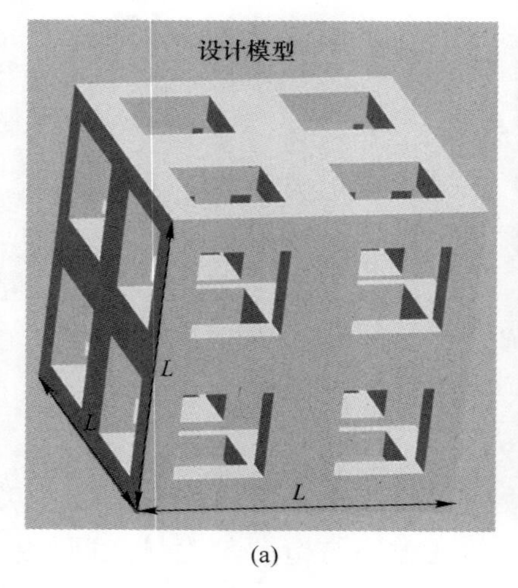

(a)

(b)

图 8-1　正方体形泡沫钛的设计模型（a）和实际烧结模型（b）

由图可见，设计模型的骨架完全致密，只包含宏观大孔。它的长宽高相等，长度用大写字母 L 表示。假设它的质量为 m，骨架材质的密度为 ρ_s，那么造孔剂含量的计算公式如下：

$$x = S_c = 1 - \frac{m}{L^3 \rho_s}$$

相比较于设计模型，烧结模型的外形可能是长方体，也可能是正方体，这取决于 X、Y、Z 三个方向的线收缩率是否相等。如果相等，则是正方体，反之则是长方体。为此，用四方体来表示烧结模型的外形，边长用小写字母 l 来表示。在 X、Y、Z 三个坐标上，长宽高分别为 l_x、l_y 和 l_z。烧结模型的质量和骨架材质的密度等同于设计模型，也分别为 m 和 ρ_s。那么，孔隙率的计算公式如下：

$$P = 1 - \frac{\rho}{\rho_s} = 1 - \frac{m}{l_x l_y l_z \rho_s}$$

将上述两式代入方程（8-1），得：

$$1 - \frac{m}{l_x l_y l_z \rho_s} = a\left(1 - \frac{m}{L^3 \rho_s}\right) + b$$

因为：

$$a + b = 1$$

所以：

$$\frac{m}{l_x l_y l_z \rho_s} = \frac{am}{L^3 \rho_s}$$

方程两边同时约去相同的参数，得：

$$\frac{1}{l_x l_y l_z} = \frac{a}{L^3}$$

因为：

$$a = \frac{1}{1 + \delta}$$

所以：

$$\delta = \frac{l_x}{L} \frac{l_y}{L} \frac{l_z}{L} - 1$$

线收缩率指的是材料经处理后其长度的缩小值与其原长度的比值。显然，这里不能简单套用线收缩率。为此，定义烧结泡沫长度的实际值与设计值之比为长度指数，用符号 θ 表示，即 $\theta = l/L$。在 X、Y 和 Z 方向上，分别有：

$$\theta_x = \frac{l_x}{L}, \quad \theta_y = \frac{l_y}{L}, \quad \theta_z = \frac{l_z}{L}$$

将它们代入上式，得：

$$\delta = \theta_x \theta_y \theta_z - 1$$

再定义长度指数在三维坐标上的乘积为长度指数积，用符号 φ 表示，有：

$$\varphi = \theta_x \theta_y \theta_z$$

将它代入上式，得：

$$\delta = \varphi - 1$$

根据此方程，因为 δ 是一个不定数学常数，所以 φ 也是一个不定数学常数。也就是说，δ 值可以通过 φ 求出。而 φ 值可以通过 θ 求出，θ 值又可通过 l/L 求出。反过来讲，只需通过测量烧结泡沫的实际长度来获得 l 值就可以最终计算 δ 值。因为，L 是已知的设计值。知道了 δ 值，就可以计算出方程（8-1）的斜率 a 和截距 b。这样一来，就实现了在不测量孔隙率的情况下来获得孔隙率的调控方程。

如果质量和骨架材质不变，将正方体设计模型变成长方体，结果会怎样呢？同样的，可以用图 8-2 来描述烧结过程所带来的尺寸改变和外形变化。其中，图 8-2（a）是设计模型，图 8-2（b）是烧结模型。

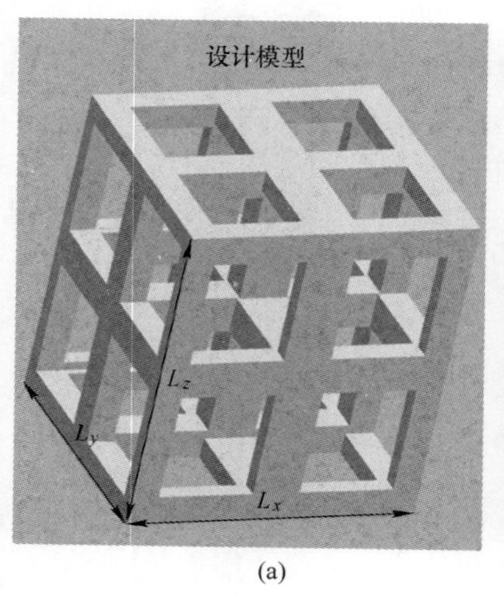

(a)

(b)

图 8-2　长方体形泡沫钛的设计模型（a）和实际烧结模型（b）

由图 8-2 可见，对于设计模型，其长宽高不再相等，分别为 L_x、L_y 和 L_z。那么，造孔剂含量的计算公式如下：

$$x = S_c = 1 - \frac{m}{L_x L_y L_z \rho_s}$$

同样用 l_x、l_y、l_z 来表示烧结模型的长宽高。因为孔隙率的计算式不变，所以：

$$\delta = \frac{l_x}{L_x}\frac{l_y}{L_y}\frac{l_z}{L_z} - 1$$

在该模型，θ 值在 X、Y 和 Z 方向上分别为：

$$\theta_x = \frac{l_x}{L_x},\ \theta_y = \frac{l_y}{L_y},\ \theta_z = \frac{l_z}{L_z}$$

所以，其结果和正方体设计模型一样，也是：

$$\delta = \varphi - 1$$

正方体和长方体都属于四方体。以上两个结果可以归结为同一类外形。除了方体，泡沫钛的设计模型还可以是圆柱体，结果又会怎么样呢？同样的，可以用图 8-3 来描述烧结过程所带来的尺寸改变和外形变化。其中，图 8-3（a）是设计模型，图 8-3（b）是烧结模型。

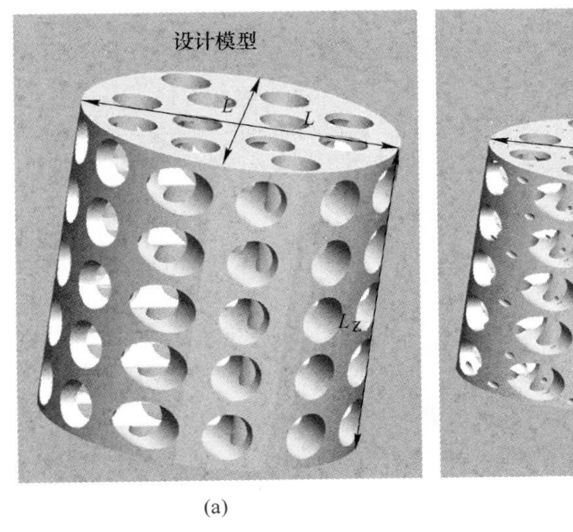

(a)

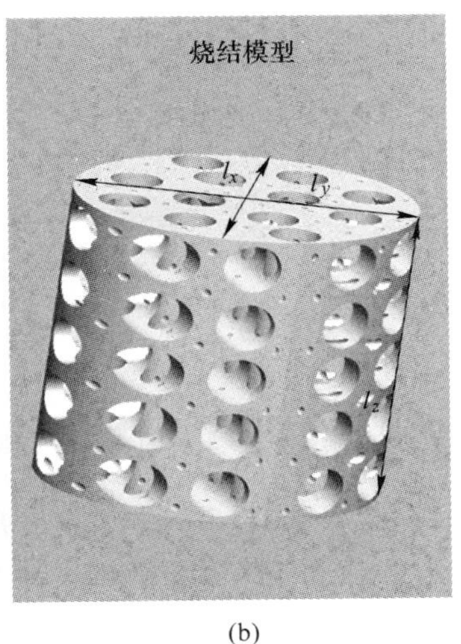

(b)

图 8-3 圆柱体形泡沫钛的设计模型（a）和实际烧结模型（b）

通常，用大写字母 D 和 H 来表示圆柱体的直径和高。本书为了研究的需要，统一用大写字母 L 来表示长度。所以，对于设计模型，它的直径为 L，高为 L_z，质量和骨架材质的密度同样分别为 m 和 ρ_s。那么，造孔剂含量的计算公式如下：

$$x = S_c = 1 - \frac{4m}{\pi L^2 L_z \rho_s}$$

由于横截面沿 X 和 Y 方向的线收缩率不一定一致，所以烧结模型的横截面可能呈椭圆形，其轴长分别为 l_x 和 l_y。所以，用椭圆柱体形来描述烧结模型，其高度为 l_z。那么，孔隙率的计算公式如下：

$$P = 1 - \frac{\rho}{\rho_s} = 1 - \frac{4m}{\pi l_x l_y l_z \rho_s}$$

将上述两式代入式（8-1），得：

$$1 - \frac{4m}{\pi l_x l_y l_z \rho_s} = a\left(1 - \frac{4m}{\pi L^2 L_z \rho_s}\right) + b$$

因为：

$$a + b = 1$$

所以：

$$\frac{4m}{\pi l_x l_y l_z \rho_s} = \frac{4ma}{\pi L^2 L_z \rho_s}$$

方程两边同时约去相同参数，得：

$$\frac{1}{l_x l_y l_z} = \frac{a}{L^2 L_z}$$

因为：

$$a = \frac{1}{1 + \delta}$$

所以：

$$\delta = \frac{l_x}{L}\frac{l_y}{L}\frac{l_z}{L_z} - 1$$

在该模型，θ 值在 X、Y 和 Z 方向上分别为：

$$\theta_x = \frac{l_x}{L},\ \theta_y = \frac{l_y}{L},\ \theta_z = \frac{l_z}{L_z}$$

将它们代入上式，得：

$$\delta = \theta_x \theta_y \theta_z - 1$$

因为：

$$\varphi = \theta_x \theta_y \theta_z$$

所以：

$$\delta = \varphi - 1$$

可以看到，圆柱体模型的结果和方体模型是一样的。泡沫钛的设计模型无论是正方体、长方体还是圆柱体，都能得到 $\delta = \varphi - 1$。如果将钛换成其他金属，同样适用。所以，只要是造孔剂法制备的泡沫金属，都能得到同样的结果。综上所述，本章推导出的新理论如式（8-2）所示：

$$\delta = \varphi - 1 \tag{8-2}$$

式中，δ，φ 分别为孔体积变化率和长度指数积。

它的物理含义是孔体积变化率（δ）等于长度指数积（φ）减去 1。因为孔体积变化率（δ）是一个不定数学常数，所以长度指数积（φ）也是一个不定数学常数。也就是说，δ 值可以通过 φ 求出。而 φ 值可以通过 θ 求出，因为 $\varphi = \theta_x\theta_y\theta_z - 1$。其中，符号 θ 表示长度指数，它指的是烧结泡沫长度的实际值与设计值之比。θ 值又可通过 l/L 求出，因为 $\theta_{(x,y,z)} = l_{(x,y,z)}/L_{(x,y,z)}$。其中，符号 l 和 L 分别表示烧结泡沫的实际长度和设计长度。

反过来讲，只需通过测量烧结泡沫的实际长度来获得 l 值就可以最终计算 δ 值。因为，L 是已知的设计值。知道了 δ 值，就可以计算出式（8-1）的斜率 a 和截距 b。这样一来，我们就实现了在不测量孔隙率的情况下来获得孔隙率的调控方程。

此理论的获得源于前期研究的结果。在 2015 年，发表了两个理论：一个是宏观大孔在烧结过程发生体积收缩线性[11]，另一个是孔隙率与造孔剂含量之间呈线性关系[12]。第二个理论建立在第一个理论的基础上，而本书的第三个理论又是建立在前面两个特别是第二个理论的基础上。但是，方程 $P = ax + b$ 的斜率（$a = 1/(1+\delta)$）和截距（$b = \delta/(1+\delta)$）的物理含义仍不清楚。本研究通过深入研究孔体积变化率，最终推导出方程 $\delta = \varphi - 1$。因为长度指数积（φ）是一个有着实际意义的物理常数，所以孔体积变化率（δ）也是一个物理常数。同理，斜率（a）和截距（b）也是物理常数。

实践是检验真理的唯一标准。然而，由于目前的文献尚没有相关的数据，本研究所推导出的理论方程还需要进一步的实验验证。尽管如此，新理论的发现不仅需要本书作者，也需要本领域的所有同行们共同努力来实验验证。验证工作的要求是烧结泡沫的宏观尺寸必须规整，这样才能准确地得到测量数据，从而减少实验误差。压制过程是决定样品规整度最重要的工艺步骤。在这一步骤，要尽可能地使压坯接近完全致密且残余应力分布均匀。无论是单向压制还是双向压制，都很难做到这一点。所以，最好的方式是先单向预压制，再等静压成型。Laptev 等人[20] 2005 年曾研究过压制工艺对造孔剂法泡沫钛生压坯强度的影响。根据他们的研究，造孔剂颗粒尺寸越小，生压坯的致密度越高，强度微弱地提高。造孔剂含量越高，生压坯的屈服强度越低。Arifvianto 等人[16] 2016 年运用微焦点计算机断层扫描术表征生压坯和烧结泡沫钛的多孔结构。这个工作主要是实验验证了作者的第二个理论。但是，这些实验数据都无法用来验证本书的新理论方程。所以，压制工艺影响烧结泡沫宏观尺寸规整度的物理机制是未来研究工作的难点和重点。

总之，本研究从理论上将孔隙率控制方程与造孔剂法烧结泡沫金属的宏观尺寸联系了起来。它告诉我们，在不测量孔隙率的情况下，通过测量烧结泡沫的宏观尺寸就可以推导出孔隙率控制方程。可以说，本书的新理论既融合又突破了已有理论的桎梏，将进一步丰富烧结泡沫金属孔结构控制基础理论研究。

参考文献

[1] Benjamin S. Process for making foamlike mass of metal：us，2434775A［P］. 1948.

[2] Bram M，Stiller C，Buchkremer H P，et al. High-Porosity Titanium，Stainless Steel，and Superalloy Parts［J］. Advanced Engineering Materials，2000，2：196～199.

[3] Arifvianto B，Zhou J. Fabrication of Metallic Biomedical Scaffolds with the Space Holder Method：A Review［J］. Materials，2014，7：3588～3622.

[4] Choi H，Park H，Um J H，et al. Processing and characterization of titanium dioxide grown on titanium foam for potential use as Li-ion electrode［J］. Applied Surface Science，2017，411：363～367.

[5] Li X，Liu G，Shi M，et al. A novel electro-catalytic ozonation process for treating Rhodamine B using mesoflower-structured TiO_2-coated porous titanium gas diffuser anode［J］. Separation & Purification Technology，2016，165：154～159.

[6] 肖健，邱贵宝. 泡沫或多孔钛的制备方法研究进展［J］. 稀有金属材料与工程，2017，46：1734～1748.

[7] 肖健；邱贵宝. 大孔径高孔隙率烧结泡沫钛的造孔剂研究述评［J］. 中国材料进展，2018，37（5）：372～378.

[8] 肖健，邱贵宝，廖益龙，等. 尿素作为造孔剂制备泡沫钛的结构和力学性能［J］. 稀有金属材料与工程，2015，44：1724～1729.

[9] 肖健，邱贵宝，廖益龙，等. 造孔剂大小对泡沫钛孔隙结构的影响［J］. 稀有金属材料与工程，2015，44：2583～2588.

[10] 肖健，崔豪，邱贵宝. 泡沫钛力学性能重复性初探［J］. 功能材料，2015，46：22015～22021.

[11] Xiao J，Yang Y，Qiu G B，et al. Volume change of macropores of titanium foams during sintering［J］. Transactions of Nonferrous Metals Society of China，2015，25：3834～3839.

[12] Xiao J，Cui H，Qiu G B，et al. Investigation on relationship between porosity and spacer content of titanium foams［J］. Materials & design，2015，88：132～137.

[13] Bafti H，Habibolahzadeh A. Production of aluminum foam by spherical carbamide space holder technique-processing parameters［J］. Materials & design，2010，31：4122～4129.

[14] Gibson L J，Ashby M F. Cellular solids：structure and properties［M］. Cambridge：

Cambridge University Press, 1999.

[15] Esen Z, Bor Ş. Processing of titanium foams using magnesium spacer particles [J]. Scripta Materialia, 2007, 56: 341 ~ 344.

[16] Arifvianto B, Leeflang M A, Zhou J. Characterization of the porous structures of the green body and sintered biomedical titanium scaffolds with micro-computed tomography [J]. Materials Characterization, 2016, 121: 48 ~ 60.

[17] Arifvianto B, Leeflang M A, Zhou J. Diametral compression behavior of biomedical titanium scaffolds with open, interconnected pores prepared with the space holder method [J]. Journal of the Mechanical Behavior of Biomedical Materials, 2017, 68: 144 ~ 154.

[18] Yue X Z, Fukazawa H, Kitazono K. Strain rate sensitivity of open-cell titanium foam at elevated temperature [J]. Materials Science and Engineering a-Structural Materials Properties Microstructure and Processing, 2016, 673: 83 ~ 89.

[19] Torres Y, Trueba P, Pavón J J, et al. Design, processing and characterization of titanium with radial graded porosity for bone implants [J]. Materials & Design, 2016, 110: 179 ~ 187.

[20] Laptev A, Vyal O, Bram M, et al. Green strength of powder compacts provided for production of highly porous titanium parts [J]. Powder Metallurgy, 2005, 48: 358 ~ 364.